暗物質
失落的宇宙

李金——著

MISSING
UNIVERSE

介於「存在」與「不存在」之間
一本書讀懂 21 世紀最重大的天文學難題

新一代的物理學聖杯，宇宙過去與未來的終極解答

數十年來，人們殫精竭慮研究，卻依然對它所知甚少……
暗物質是什麼？它是如何被發現？它由什麼粒子所組成？
暗物質既看不見、也觀測不到，科學家又憑什麼說它存在？

MISSING
UNIVERSE

暗物質 失落的宇宙

介於「存在」與「不存在」之間，
一本書讀懂 21 世紀最重大的天文學難題

目錄

自序

　　我是一名高能粒子物理研究人員，具體工作就是替欲研究、探討的粒子物理問題，設計各種實驗方案，繼而依據實驗方案建造不同的裝置，並透過分析和理解實驗數據，獲得物理問題的答案。一九七八年，我在美國開始了我的粒子物理實驗生涯。第一個是加速器微中子實驗，證明一個當時很流行的理論（弱電統一理論），並成功測量出該理論的一個關鍵參數。一九八一年，為研究構成物質最基本單位之一的魅夸克（Charm quark），我參加了北京正負電子對撞機（BEPC）和北京譜儀（BES）的建造和物理實驗，一九九四年後又主持了 BES 的升級改造和升級後 BES-II 的實驗研究，BES 負責探測和研究魅夸克。幾十年來我研究的目的，就是檢驗標準模型理論（Standard Model），這是有關基本交互作用（fundamental interaction）的理論。驗證標準模型理論的同時，更希望能獲得超出這個理論的實驗證據，推動物理學發展。不幸的是，雖然我和同行做了各方面的努力，也在標準模型理論上獲得了不少新數據、發現了不少新現象，但都沒有超出標準模型理論的範疇，至今沒有發現任何新物理的跡象。

　　二十年前，我被「暗物質」一詞深深吸引，這是個以前教科

暗物質 失落的宇宙

介於「存在」與「不存在」之間，
一本書讀懂 21 世紀最重大的天文學難題

書或文獻上從未提及的物理概念，也是我從事粒子物理實驗研究幾十年沒有接觸過的物理現象。這不就是超出標準模型理論的實驗現象嗎？一定是我日思夜想的新物理吧！於是，我走上了探測暗物質的新征途。

從一九九七年開始，我和中研院物理所的專家合作，共同建立了 TEXONO 合作研究組，從事微中子和暗物質的實驗研究，從一九九七年至今仍在繼續。二○○二年後，出於實驗技術的共同點和共同的物理目標，我也成為韓國暗物質合作組（KIMs）的成員，這是一個採用碘化銫晶體 CSI（Tl）探測技術的暗物質研究團隊。

二○○一年起，我受邀為客座教授，在清華大學工程物理系開展了高阻抗平板（MRPC）探測器、時間投影室（TPC）和高純鍺（HPGe）半導體探測技術發展與應用的研究。在參與 KIMs 的地下實驗室暗物質研究的同時，我和清華大學的專家在地下實驗室開始了獨立的暗物質研究。韓國的地下實驗室只有七百公尺深，雖然比先前中研院的地表實驗好，但實驗條件較差，深度也不夠，為實驗帶來了諸多困難。我很希望能開展地下實驗，也不斷調查建立地下實驗室的可能。

機會總是留給準備好的人，二○○八年，我得知了某條深埋隧道終於貫通的消息，引起我和同行的注意。這可能是建設極深地下實驗室的一個良好契機，遂向清華工程物理系主任建議，在此隧道建設地下實驗室。

　　同年十二月，在暗物質合作研究的國際會議上，我和岳騫老師等人，分別做了有關「為暗物質研究建設地下實驗室」的報告，對外公開了這一激動人心的消息。二〇〇九年，開始了地下實驗室的建設。從地下實驗室的設計、建造，實驗室物理參數的測量，直到實驗室能夠滿足實驗的要求，僅僅用了一年半的時間，二〇一〇年十二月正式投入使用。從此，我和清華大學的專家開始了在地下實驗室開展暗物質的探測工作，與多所大學的同行共同建立了 CDEX 暗物質實驗研究合作組，並多次在國際刊物上發表研究成果。

　　在實驗室建設、設計和設備建造中，不免會遇到各行各業的人員，有老師、學生，也有工人和普通民眾，他們聽說「暗物質」後都非常好奇；甚至離開地下實驗室的工地時，工人還問我們，暗物質是什麼？還說「告訴我們，好讓我們看到通知你們……」這也許是開玩笑，但也不乏對暗物質的興趣。在大學的電梯裡偶遇幾位遊客，也在談論暗物質；在國外的一些產品包裝上，也標有「暗物質」的字樣，比如我們的辦公室裡，還保存了一瓶印有「暗物質」商標的紅酒。

　　過去幾年，有十幾所大學或研究所邀請我，為大學生或研究生做有關「暗物質」的通俗講座或科學講座。講座反應非常熱烈，結束後許多人還捨不得離開，有提問的、有想辦法的、也有提建議的……雖然在全球學報或報刊上也有不少有關暗物質的介紹，但大多篇幅所限，很難系統、圖文並茂、由淺入深

暗物質 失落的宇宙

介於「存在」與「不存在」之間，
一本書讀懂 21 世紀最重大的天文學難題

講解暗物質的來龍去脈，於是我就萌生了寫這本通俗讀物的念頭。希望透過閱讀本書，對暗物質有興趣的讀者能有所收穫，也希望能有更多人對暗物質產生興趣，開闊眼界並從中受益。本人知識有限，再加上時間倉促，書中不免有誤，敬請見諒。

本書的寫作得到了李元景老師、李玉蘭老師的大大支持和鼓勵，岳騫老師也對本書寫作提出不少建議並做了許多修正，本人在此表示感謝。另外，蘭江西女士除了負責圖稿、表格整理的工作，也承擔了全部家務，讓我能專心寫作，在此表達對她的感激之情。

前言

　　人類借助於各種波段的電磁波，從極其短波長 X 射線、紫外線、可見光，再到無線電波，觀察和認識宇宙。然而，有一些物質既不發射任何波段的電磁波，也不與這些電磁波發生作用。這些用任何波段電磁波都「看」不見、而又暗藏在宇宙中的物質，稱為暗物質。

　　大約在八十年前，天文學家費里茨·茲威基（Fritz Zwicky）有一項驚奇的發現：大型星系團內的星系，具有極高、又難以理解的運動速度，單靠我們所觀測到的星系團引力作用，根本不可能束縛這些星系在星系團內的高速運動——除非在星系團中，還有「看不見」的物質產生了強大的引力。此後，天文學家透過測量螺旋星系的旋轉速度、觀測重力透鏡（gravitational lensing）、大尺度宇宙結構形狀，以及微波背景輻射等研究中的「奇特」現象，大膽猜想：宇宙中可能暗藏有大量「看不見」、卻又能透過引力作用被感知的暗物質，而且所占比例很大（據計算，約占整個宇宙物質總量的 85%）。

　　暗物質到底是什麼？它為什麼那麼詭異？它暗藏在宇宙中什麼地方？它在宇宙的形成和演化中扮演了什麼角色？暗物質是天體還是粒子？它們是否是我們已知的基本粒子？還是未曾發

暗物質 失落的宇宙

介於「存在」與「不存在」之間，
一本書讀懂 21 世紀最重大的天文學難題

現的粒子？這些問題都對目前的天體理論與標準模型理論提出嚴峻的挑戰。

暗物質的探測與研究，具有跨領域的重大科學意義，它關係到我們對基本粒子和宇宙的構成、宇宙的演化以及基本交互作用的認知，是從微觀到宏觀的重大前沿課題。

然而，到目前為止，暗物質還只是基於天文宇宙觀察到的重力效應所推測出來的大膽猜想，並沒有直接的實驗探測到它的存在。要想真正探測到「看不見」的暗物質，就必須找到暗物質與普通物質之間所有的交互作用，並發展新的探測原理和新的探測技術，突破物理概念和理論。

本書在介紹暗物質的來由、宇宙中隱藏有暗物質的依據、探測和研究暗物質的科學意義的基礎上，著重描述探測暗物質粒子的實驗方略、探測暗物質的基本原理和技術、前仆後繼的探測活動和所採用的龐大而又複雜的探測裝置、實驗探測研究的進展、最新研究狀況以及未來前景。

這是一本通俗科普讀物，沒有過多的理論或定量說明，也沒有數學推導或分析表達式，盡量採用圖表或照片，以便於一般讀者閱讀。希望這本讀物有助於讀者對暗物質的基本概念略有理解，深入認識探測暗物質的含義與實驗方法，並能概括了解全球探測暗物質的實驗研究現狀和未來發展前景。

第 1 章
詭祕暗物質的由來

暗物質 失落的宇宙

介於「存在」與「不存在」之間，
一本書讀懂 21 世紀最重大的天文學難題

　　出於求知慾和好奇心，千百年來人類從未間斷對天文和宇宙的觀察與探求，從地面到高山、從高空到太空、從地下到海底。特別是近幾十年來，近百種觀測設備被發射升空，實現了人類對宇宙的全方位和全波段的觀察。圖 1.0.1 列出了在地面、空中和太空觀察宇宙的各類望遠鏡，及其相應的探測波段。特別是一九九〇年，由太空梭發射升空的高解析度哈伯望遠鏡（見圖 1.0.2），它拍攝的照片和提供的資訊解釋了很多宇宙疑團，讓我們進入宇宙觀測的新高峰。我們不僅認識了距我們最近的地球、月球、太陽和銀河系，我們還知道了類星體、超新星和脈衝星（Pulsar），也看到了非常遙遠的星系、星雲、星系團……觀測範圍幾乎到達約 150 億光年[1]，甚至更遠的宇宙邊緣。觀察不同波段的光，可以繪製出不同類型的宇宙（即不同波段的宇宙）：可見光宇宙、紅外宇宙、紫外宇宙、無線電及微波宇宙、X 射線及高能宇宙。放眼多波段宇宙，可以將豐富多彩的宇宙層層剝開，探索到包括恆星、星雲和星系的宇宙的每個層次。

　　今天，我們已經信心滿滿觀察到幾乎所有不同波段的宇宙，可以說是一覽無遺「看」到了整個宇宙；但萬萬沒想到，隨著宇宙觀測和天文學的發展，我們意識到我們所看到的浩瀚宇宙，竟然只是宇宙很小的一部分，宇宙大部分則是尚未觀察到的暗物質和暗能量。

1　光年是距離單位，1 光年是光在 1 年中所走的距離。光在 1 秒中走的距離是 30 萬公里，一年有 3153 萬秒之多，1 光年約為 9.4 億公里。

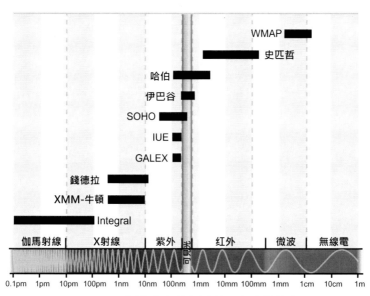

圖 1.0.1　觀察宇宙的望遠鏡及相應的波段

圖中的望遠鏡依次為：

微波各向異性探測器（The Wilkinson Microwave Anisotropy Probe, WMAP）；

史匹哲紅外天文空間望遠鏡（Spitzer Space Telescope）；

哈伯太空望遠鏡（Hubble Space Telescope）；

伊巴谷（Hipparcos）高精視差測量衛星；

太陽和太陽圈探測器（The Solar and Heliospheric Observatory, SOHO)；

國際紫外線探測器（The International Ultraviolet Explorer, IUE)；

星系演化探測器（The Galaxy Evolution Explorer, GALEX）；

暗物質 失落的宇宙

介於「存在」與「不存在」之間，
一本書讀懂 21 世紀最重大的天文學難題

錢卓拉 X 射線天文台（Chandra X-ray Observator）；

X 射線太空觀察站（High Throughput X-ray Spectroscopy Mission and the X-ray Multi-Mirror Mission）；

國際伽瑪射線天體物理實驗室（International Gamma-Ray Astrophysics Laboratory, INTEGRAL）。

圖 1.0.2　太空中的哈伯望遠鏡

1.1

什麼是暗物質？

　　我們知道，宇宙中有兩類天體：一類是像太陽那樣的發光的天體，在沒有光的環境中能被我們看到；另一類像月亮那樣，雖然不發光，卻可以反射或吸收光，在有光照的環境中也能被我們看到。但是人們發現，還有一類很詭異的物質暗藏在宇宙中，既不發光，也不吸收光、反射光或折射光，不僅在沒有光的黑暗中看不到，在有光線的環境中也完全透明，同樣看不到。這種不發光又絕對透明、在任何環境下都無法看到、卻又有質量的物質，被稱為暗物質，即暗藏在宇宙中的物質。

　　當然，這裡說的「光」不僅僅是指可見光，而是包括幾乎所有波段的「光」；這裡說的「看」也不僅僅是用人的眼睛看，它包括了所有形式的現代望遠鏡或探測器的觀察。因此在暗物質

的研究中，「暗」具有更為廣泛的含義。

「暗」的廣泛含義

　　「暗」的廣泛含義是什麼？更廣泛意義的「暗」，是基於更廣泛意義的「光」。光是什麼？光實質上是電磁波。科學家通常依據波長，把光（或稱電磁波）劃分為七個區段：無線電波、微波、紅外線、可見光、紫外線、X 射線和伽馬射線。圖 1.1.1 列出了各種電磁波的波段及其相應波長。天文和宇宙科學借助於各種電磁波天文望遠鏡觀測宇宙中的天體。今天的天文觀測幾乎涵蓋了所有波段的電磁波。但是，不同探測設備對各波段「光」的反應不同，看到的圖像也不同。圖 1.1.2 所示為借助可見光與 X 光看到的世界和人，可見光只能看到表面，而 X 射線可以看到內部。同樣，我們借助紅外光、紫外光和 X 射線分別看到了不同的宇宙。圖 1.1.3 所示為同一星系在不同波段（無線電、紅外、可見光、紫外及 X 射線）下的圖像。

第1章　詭祕暗物質的由來

1.1　什麼是暗物質？

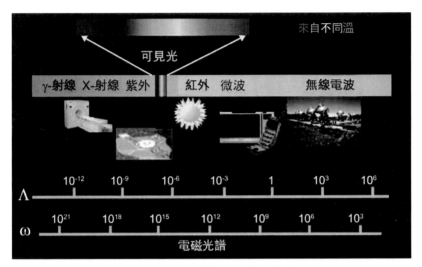

圖 1.1.1　電磁波各波段的波長

（a）可見光　　　　　　　　（b）X光

圖 1.1.2　用可見光與 X 光觀測到的世界和人

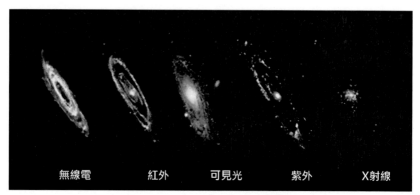

圖 1.1.3　同一星系在不同波段
（無線電、紅外、可見光、紫外及 X 射線）下的圖像

　　由物理規律可知：①任何物體的溫度都不可能低於熱力學溫標的零度（相當於攝氏 -273℃，用 K 表示）；②任何高於熱力學溫標零度的物體，都一定會有電磁波（或稱光波）輻射發出，只是輻射波長有所不同而已。這兩點告訴我們，宇宙中的任何物質都會有電磁波輻射。此外，物體還會與電磁波發生吸收、反射或折射等作用。因此，只要我們能靈敏測量到所有波段的輻射光，宇宙中的任何物質都逃不過我們的觀察。

　　圖 1.1.4（a）列出不同溫度的天體所發出的光波波長及其對應的亮度，圖 1.1.4（b）列出不同天體所輻射電磁波的波長與其相應亮度。不難看出，塵埃、恆星及黑洞，無一不在我們所能觀察到的波長範圍內。可以說，不論是從表面發出的還是從星球內部發出的任何波段的「光」，均逃不過人類的「火眼金睛」，人類已經可以全波段、全方位觀察整個宇宙。

　　然而不幸的是，暗物質既不發出任何波段的電磁波，也不和任何波段的光發生作用，它深深隱藏在宇宙中。暗物質是用任何波段的探測器或望遠鏡都無法觀察到的物質，構成暗物質的基礎粒子，應該是暗物質粒子，大量暗物質聚集也可能形成暗物質天體。

　　這裡要注意，首先，暗物質不是我們通常講的黑物質，普通黑物質因為能夠吸收可見光而呈黑色，並非與可見光不發生作用。有人將尋找暗物質比喻成「在各種彩色豆中尋找黑豆」是不恰當的；其次，暗物質也不是黑暗中的物質。我們看不到黑暗中的物質是因為沒有光線，只能說明暗物質是「不發光的物質」，而無法證明「是否與光發生作用」。因此，把尋找暗物質比喻為「在暗室中尋找黑貓」也欠妥。應當說，暗物質是「既不發射任何波段的光、又對任何波段的光都絕對透明的物質」。某種意義上，暗物質類似於乾淨無瑕的普通玻璃，就像有時我們誤認為玻璃門沒有玻璃而撞到頭。（當然這僅僅是對可見光而言，普通玻璃強烈吸收紫外光，對紫外線就不透明了），我們尋找暗物質可以想像成在光線充足的明亮屋中，尋找不發光的絕對透明物體。

暗物質 失落的宇宙

介於「存在」與「不存在」之間，
一本書讀懂 21 世紀最重大的天文學難題

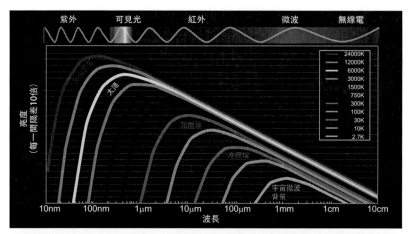

（a）不同溫度的天體輻射電磁波的波長及其亮度

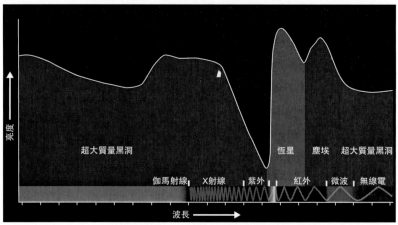

（b）不同天體輻射的電磁波波長及其相應的亮度

圖 1.1.4　天體的輻射波長和亮度

歷史上的「暗」物質事件

看不見的「暗」物質的事件，在二十世紀就曾經發生過。十九世紀末二十世紀初，科學家在放射線的研究中，發現微觀世界中能量的吸收和發射是不連續的，不僅原子的光譜不連續，從原子核中放出的射線也不連續。

圖 1.1.5（a）所示為金 Au^{198} 原子核不連續的能階及其能階間的衰變，其射線能量正好等於原子核不同能階間的能量差，即射線的能量是單一的，符合量子世界中的能量守恆定律。奇怪的是，在釋放出電子的 β 衰變過程中，發現電子的能量並不單一，其能譜是連續的，電子所帶的能量只是能階差的一部分，還有一部分能量失蹤了（見圖 1.1.5（b））。

一九三〇年，奧地利物理學家包立（Wolfgang Ernst Pauli）依據能量守恆定律提出了一個假設：在 β 衰變的過程中，除了電子之外，同時還有一種質量為零、不帶電、與光子不同的未知粒子被發射，並帶走了一部分能量，因此出現了能量「丟失」，即能量守恆定律依然成立。透過能量守恆定律，我們知曉了一種未知粒子的存在，但當時還沒有能力探測到，便將它稱為看不到的「暗物質粒子」。後來透過實驗證實這種粒子的存在，並稱之為微中子。微中子與其他粒子並非不發生作用，只是交互作用極其微弱，難以探測。微中子實驗不僅看到了「未知的暗物質粒子」，還發現了當時還不了解的另一種交互作用，即弱交互作用（弱力）。

暗物質 失落的宇宙

介於「存在」與「不存在」之間，
一本書讀懂 21 世紀最重大的天文學難題

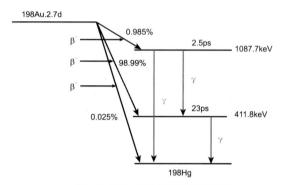

（a）Au^{198}原子核的不連續能階及衰變

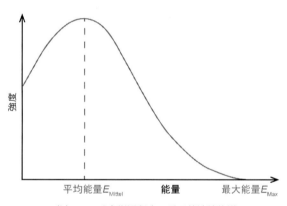

（b）Au^{198}β衰變過程中，電子的連續能譜

圖 1.1.5 金原子核放出的射線

　　另一個有趣的事件，發生在從天王星之謎到海王星發現的過程中，圖 1.1.6 所示為圍繞太陽各行星的軌道。

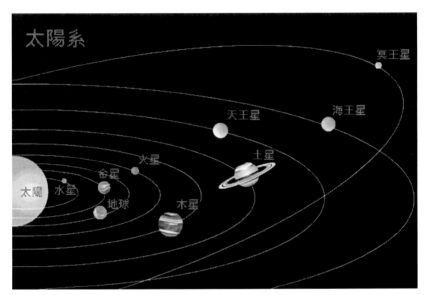

圖 1.1.6　圍繞太陽各行星及冥王星的軌道

　　一八二〇年，法國天文學家布瓦爾（Alexis Bouvard）依據當時的觀測資料和天體運動學原理，在計算天王星的運動軌道時出現了難以理解的瓶頸：他算出的軌道與觀測值落差很大。後來的很多年裡，人們累積了更多的觀察數據，計算時又考慮了離天王星最近的土星和木星的影響，但理論值和觀測值仍然相差很遠。天王星的觀測位置與計算位置相差之大，已遠遠超出了觀測的誤差範圍。

　　面對天王星運動之謎，人們一方面對依據牛頓力學的天體力學原理提出質疑，另一方面提出存在有看不到的「暗衛星」或「暗行星」的假設，並開始求證各種假設和質疑。直到一八四五

暗物質 失落的宇宙

介於「存在」與「不存在」之間，
一本書讀懂 21 世紀最重大的天文學難題

年前後，兩位年輕的天文學家——英國的亞當斯（John Couch Adams）和法國的勒威耶（Urbain Le Verrier）基於逐漸逼近法，提出有可能在比天王星更遠的天區裡，有我們尚未看到的行星，並建議柏林天文台的伽勒（Johann Gottfried Galle）立即搜尋該天區；沒過幾天，伽勒就觀察到這顆發光微弱的行星，並命名為海王星。

今天，如果我們相信主宰天體運動的引力理論是正確的話，那假設存在有看不見的暗物質，就和當年沒有發現海王星的情景一樣了。

1.2

詭異的暗物質真的存在嗎？

　　既然暗物質不發出任何波段的光、也不和任何波段的光發生作用，用任何波段的探測器或望遠鏡都無法觀察到，那人們怎麼知道它的存在？

　　地球圍繞太陽公轉，為什麼地球既不被太陽吸引過去，也不會遠離太陽飛走呢？太陽對地球有引力，而地球圍繞太陽旋轉有一定的速度而產生離心力，當太陽的引力正好等於地球的離心力時，地球就被束縛在一定的軌道上。按照牛頓定律，引力的大小與太陽和地球的質量有關，質量越大，引力就越大。如果地球的速度太大，或者太陽的質量太小，離心力大於太陽的引力時，地球就遠離太陽而去。可見，宇宙中星球、星系的穩定運動狀態，都是它們的運動速度和質量之間的平衡結果。太

暗物質 失落的宇宙

介於「存在」與「不存在」之間，
一本書讀懂 21 世紀最重大的天文學難題

大的質量、太低的速度，或者太小的質量、太快的速度，都不穩定也不可行。

一九三三年，費里茨‧茲威基發現：大尺度的星系團中，眾多星系的相對運動速度非常高，可它們又被約束（或被限制）在星系團中不能遠離；但根據我們所觀測到的星系團質量所估算的引力，卻遠小於由星系速度估算出的離心力，即質量產生的引力無法將這些星系束縛在星系團中。假設星系團中還有我們「看不見」、具有引力、且質量夠大的物質時，就有可能確保星系團中的眾多星系即使速度很快，也不會散開，這可以說這是第一個暗物質存在的證據。

應該說，費里茨‧茲威基（圖 1.2.1（a））是提出「暗物質」概念的第一人。茲威基對事物觀察十分敏銳，是聞名遐邇的才子，可惜他被當時的同行認為是一個怪人，人際關係比較差，沒有人認真考慮他的觀點。他的觀察和他對「暗物質」的設想，很長的一段時間都無人問津。一九七〇年，美國女天文學家薇拉‧魯賓（Vera Rubin）（圖 1.2.1（b））發現了「暗物質」存在的新證據——不管恆星距離星系中心有多遠，它們圍繞星系中心公轉的速度都一樣！至此，「暗物質」的概念才逐漸進入人們的眼簾。

此後，天文學家透過測量球狀星系旋轉速度、觀測重力透鏡效應、大尺度宇宙結構形狀，以及微波背景輻射等研究中的「異常」等現象，大膽推測宇宙中很可能存在大量「看不見」、卻又能透過引力作用被感知的暗物質。儘管我們對暗物質的性質仍

然了解甚微，但今天，占宇宙能量密度很大一部分的暗物質概念，已被廣為接受了。

（a）費里茲·茲威基，最早注意、並　　　（b）發現「暗物質」存在的證據的美
提出暗物質存在想法的物理學家　　　　國女天文學家薇拉·魯賓

圖 1.2.1　暗物質領域的兩位先驅者

　　如今，人們已經發現了很多暗物質存在的證據，因篇幅有限，無法在書中一一討論，僅就幾個暗物質存在的典型證據──「星系的旋轉曲線」、「重力透鏡效應」、「星系團的碰撞」、「宇宙大尺度結構」做簡單介紹。

難以理解的旋轉曲線

　　萬有引力定律告訴我們：圍繞地球轉動的人造衛星運行速度和距離，與地球的總質量有關；地球繞太陽運行的速度，與地球和太陽的距離、太陽的總質量有關。

　　圖 1.2.2 為美國最新發表的銀河系全景圖。銀河系是一個典

型的螺旋星系，星系中的各個星體圍繞中心旋轉，中心亮度很
大，表明質量集中於中心，其直徑約 10 萬光年，有四條螺旋狀
的旋臂從銀河系中心均勻、對稱伸出。銀河系中心和四條旋臂
都是恆星密集的地方，太陽系位於銀河系邊緣，銀河系第三旋
臂——獵戶旋臂上。

圖 1.2.2　美國最新發表的銀河系全景圖

　　同理，每個星體或氣團圍繞星系運行的速度，和該物體與星
系中心之間的距離，以及星系內的總質量有關。通常我們用旋
轉速度與距離的關係曲線來描述它們的運功，稱之為旋轉曲線
（rotation curve）。如果按照觀察到的星系內質量分布和牛頓定律
來計算，因為觀察到的可見質量大都集中在中心，隨著距離的
增加，其速度應該變慢，即旋轉曲線隨距離下降；但實際測量

的結果，發現旋轉曲線是平的，即旋轉速度不隨距離變慢，速度基本不變。

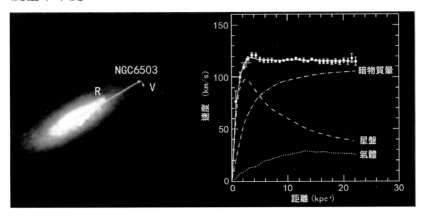

圖 1.2.3　球狀星系旋轉速度 v 與距離 R 的關係曲線

　　圖 1.2.3 是螺旋星系 NGC6503，和所測量到的球狀星系旋轉速度與距離的關係曲線。圖（a）是螺旋座星系 NGC6503 的亮度圖，圖（b）中的實驗點是不同距離觀測到的速度，其速度在距離大於 2kpc [2] 就基本不變。圖（b）中標有「星盤」的虛線，是依據星體質量分布計算出的旋轉曲線，其速度隨距離迅速下降。

　　很明顯，兩者相差甚遠，但如何來解釋這一差別呢？除非認為，我們依據亮度所看到的星系質量分布有誤，導致旋轉曲線是隨距離迅速下降。只有星系中有大量看不見的物質、且並非

2　kpc：千秒差距 kiloparsec（kpc），天文學上量度距離的單位，等於 1000 個秒差距或是 3260 光年，等於 $3.08 \times 1019m$。

暗物質 失落的宇宙

介於「存在」與「不存在」之間，
一本書讀懂 21 世紀最重大的天文學難題

全部集中在星系中心時，距離星系中心遠的恆星的運動速度，才不會比近處的恆星運動速度慢。如果考慮所觀察到的氣體、塵埃分布，以及假設的暗物質分布，這三種物質，也就是將圖 (b) 中的標有「氣體」、「星盤」、「暗物質」的曲線相加後所得到的旋轉曲線，才能和測量到分布（圖中的實驗點）相符合，說明星系中必然存在「看不到」的物質，但提供了束縛星系運動的引力。這一天文觀測結果為暗物質的存在提供了最直接的證據，而這一令人信服的證據直到一九七八年才被發現。

後來人們觀測了幾乎所有的螺旋星系，並測量了它們的旋轉曲線，發現都有同樣的現象。圖 1.2.4 所示為部分螺旋星系的旋轉曲線，這表明所有螺旋星系中都存在暗物質。

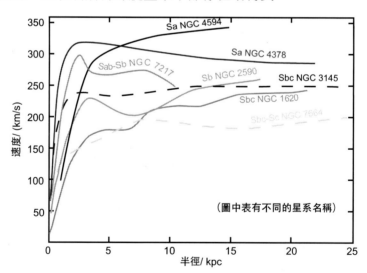

圖 1.2.4　Sa NGC 4594 等螺旋星系的旋轉曲線

　　人們自然會問：是否存在另一種可能，即描述引力的牛頓定律有問題？遺憾的是，過去觀測太陽系原來九大行星，即水星、金星、地球、火星、木星、土星、天王星和海王星的軌道的數據，計算均符合萬有引力定律。應該說，前面講的發現海王星，也完全是萬有引力定律的功勞。同樣，對銀河系的觀測也同樣證明了萬有引力定律是正確的。

　　銀河系看起來像一個有兩條旋臂的巨大圓盤漩渦，圍繞其中心不停旋轉，如前文的圖 1.2.2 所示。太陽在稍稍偏離這個旋轉中心的位置上，和其他恆星一樣不停轉動，其速度大約為每小時 220km。依據太陽轉動的軌道和速度，可以計算出，銀河系旋轉軌道內所有星球的質量總和，約為太陽質量的一千萬倍，這個值和我們在銀河裡實際觀察到的恆星基本吻合。即使是上述的球狀星系旋轉曲線，靠近螺旋星系中心的恆星速度，也符合萬有引力定律。由此推測，螺旋星系中心的可見物質密度非常大，暗物質質量則相對很小，近星系中心區域幾乎不受暗物質的影響。結論似乎只能是：星系裡必定有看不見的暗物質，它不發光，也不反射其他發光星體的光，但具有引力與質量。

　　那麼，暗物質有多少呢？天體的亮度反映天體的質量，天文學家通常用星系的亮度來估算星系的質量（也就是可觀察到的質量）。當然也可透過引力來計算星系的質量（既包括觀察到的質量，也包括看不到的質量），這兩者之差就可認為是暗物質的質量。透過旋轉曲線及引力計算出的銀河系質量，是由亮度

所推算出銀河系質量的十倍以上，在外圍區域甚至達五千倍。可見，在整個銀河系都存在大量暗物質，有時稱之為暗物質量（Dark matter halo）。

雖然我們假設，在整個銀河系都存在大量暗物質，並稱之為暗物質量，但要想證明銀河系最深處區域有無暗物質，卻極端困難，因為銀河系深處的核心區域，直徑約十萬光年。二〇一五年初，西班牙、德國及瑞典等國科學家 Fabio Iocco、Miguel Pato 和 Gianfranco Bertone，在英國《自然—物理學（Nature Physics）》雜誌上發表了他們的研究成果。他們特別關注銀河系內部最深處以及太陽周圍的區域，在全面彙總大量實驗測量的旋轉曲線和分析觀察數據的基礎上，與最新的銀河系質量分布理論詳細對比。研究表明，銀河系內部也存在著暗物質，否則觀測到的數據無法得到合理的解釋。這是第一次得到銀河系內部、甚至太陽系內部存在暗物質的直接證據，並認為，依據目前的數據，銀河系內部以及在太陽系內部的暗物質主要成分，不太可能是像質子或中子一樣的重子（Baryon）。

星體光被嚴重彎曲

依據愛因斯坦的廣義相對論，大質量物體周圍的時空是彎曲的，時空曲率將產生引力。當直線行進的光線通過大質量的物體時也是彎曲的，它的路線將沿著大質量物體所形成的時空曲率，也就是說，光線因為引力作用被彎曲。這類似於光線透

過凸透鏡被彎曲聚焦，且彎曲的程度與光線所通過的質量多少有關，這在物理學中稱為重力透鏡原理。圖 1.2.5 所示為重力透鏡的原理示意圖，圖中左側為天體發出的光波經過中間的星體到達地球上探測器的示意圖，右側為探測器獲得的圖像。光波受到所經過星體龐大質量的引力作用而被彎曲，到達地球上的光，實際上是因為星體引力作用導致光線彎曲，其彎曲程度不僅與星體質量有關，彎曲後的圖像還與星體的形狀有關。當星體是圓球體時，圖像呈環狀（愛因斯坦環）；若星體是長條狀，圖像呈十字叉狀（愛因斯坦十字架）；如果星體是宇宙中形狀複雜的星系團，其圖像則是不太規則的各種弧形。我們可以透過圖像知道星系團的大致分布，再由光線彎曲的程度計算出光線所通過的物體質量。這一原理被廣泛應用到宇宙中星系團質量的測量上，不管該星系團是否發光。

　　在實際測量中，我們發現所探測到的星體光線被嚴重彎曲，以此彎曲估算出的星系總質量，比「我們所能觀察到的星體」質量大很多，多出來的部分就應該是星系中看不到的暗物質。可見，研究重力透鏡現象，同樣可以揭示星系團中有大量暗物質。

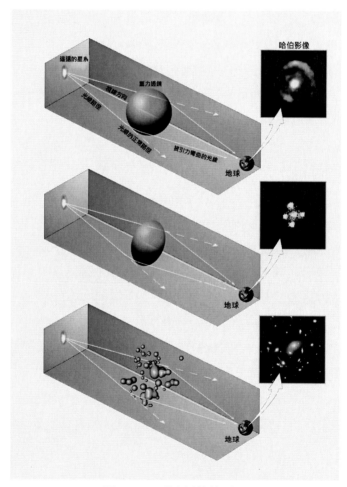

圖 1.2.5　重力透鏡的原理

　　圖 1.2.6 為哈伯太空望遠鏡在一九九九年維修完成後拍攝到的照片，來自星系團背後天體的光線，因為星系團的巨大質量

而形成扭曲的圖像，出現許多細弧。一顆遙遠的類星體被重力
透鏡分成了五星樣的虛像，這是典型的「重力透鏡」現象。這張
照片還展示了由重力透鏡放大的珍貴星系，甚至還包含了一顆
超新星；當然，我們也可以從中獲得星系團中暗物質的質量。
科學家依據這一原理，用「重力透鏡」測量幾乎每一個星系，都
能獲得這些星系團中的暗物質質量。

圖 1.2.6　哈伯太空望遠鏡拍到的照片

奇特的大尺度星系團

圖 1.2.7 為奇特的大尺度星系團結構照片。在遙遠的銀河外星系，天文學家透過大型望遠鏡，已經發現了上千億個星系。這些星系在宇宙中聚集成一個個集團，被稱為星系團。可以說，星系團是成千上萬個星系，由於自身引力而約束在一起的束縛體系。這樣的集團大小不一，小的由十幾個到幾十個星系組成，而大的集團由成千上萬個星系組成。星系團的質量，相當於其中所有星系的質量，與星系際介質（intergalactic medium）的高溫氣體質量總和。

圖 1.2.7　大尺度星系團結構的照片

就像我們透過觀察煉鐵爐輻射出的光，測量爐中鐵水的溫度一樣，透過測量星系集團發出的 X 射線，就可以估計它們的溫度，再由溫度計算出這些星體的運動速度。實際觀察後發現：

溫度異常高，意味著它們之間的相對運動速度極快。如果這些運動速度極快的星體還能夠聚集成星系團，就像前文所說，它們之間必須有夠大的引力，而這個引力遠大於我們所觀察到星系團可見物質質量的引力，除非存在有我們沒有看到的物質──暗物質。

　　透過相對運動速度和引力所獲得的這些星系集團的質量，遠遠大於所能觀察到的星系和氣體質量總和，這些「多出來的質量」可能就是暗物質。

子彈星系團的碰撞

　　二〇〇六年，美國天文學家利用錢卓拉 X 射線望遠鏡觀測星系團 1E 0657-56，並觀測到星系之間碰撞的過程。星系團的碰撞迅猛異常，竟然使暗物質與正常物質分離，成為暗物質存在的更直接證據。圖 1.2.8 為二〇〇六年八月，美國 NASA/ 錢卓拉發布了一張子彈星系團的照片，它實際上是由三張照片合成。一張是可見光波段的星系照片（圖中的白點），另一張是 X 光波段的星系團內氣體分布（紅色部分），這兩部分相當於同一子彈星系團兩個不同波段（可見光和 X 光）的照片。圖中藍色的部分不是直接拍攝下來，是利用重力透鏡原理，間接計算得出的質量分布。從合成圖中不難看出，這很像兩個星系團相撞，藍色部分（暗物質團）的作用較小，速度快，加速遠離；紅色部分是可發光的物質團，由於較強的交互作用，彼此離開較慢，尾

隨其後，形成幾個空間分離的團塊。空間分離的團塊可以看成
存在兩種類型的物質，且可見物質與暗物質的性質差異很大，
這一現象被看成暗物質存在的直接證據。

圖 1.2.8　子彈星系團的照片

　　暗物質從根本上來說，不是我們通常說的物質。利用現代各
種望遠鏡、各種波段的探測器都無法觀察到它的真面目，這是
因為它似乎不與我們所能看到的物質發生任何作用。但是暗物
質與普通物質間有引力作用，也正是引力作用和由此產生的各
種現象讓我們證實了它的存在。

　　總之，不論小尺度的星系、大尺度的星系團或整個宇宙，
都有暗物質存在的跡象。萬有引力讓我們知道了宇宙中還暗藏
有大量看不見的暗物質，感謝引力作用，讓我們知道了被「暗
藏」的宇宙。

宇宙中有多少暗物質？

　　暗物質是一種詭異的不可見物質，目前看來，除了引力作用之外，它們和「常規」物質幾乎不發生任何交互作用。科學家們之所以知道宇宙中存在暗物質，並不是因為真的「看見」了暗物質，完全是透過看不見的暗物質對可見物質的重力效應，間接獲得了它們存在的資訊。幾十年前暗物質首次被科學家提出時，還只是一個理論性的假設，當時的暗物質猜想在科學界也是個很有爭議的命題。而隨著科學發展，特別是前面講的不少觀察證據，暗物質存在的證據逐漸被接受，而且計算出暗物質的質量遠大於可見物質質量。

　　暗物質之間、暗物質和常規普通物質之間都存在引力作用。引力使成千上百的星系聚集成星系團。另一方面，大量物質的聚集又形成了巨大的引力作用，背後遙遠星系發出的光線經過其附近時會發生彎曲，從而形成類似透鏡的效應。我們可以利用這種物理上的重力透鏡效應作為測量手段，觀察、尋找暗物質，依照背景星系光線被彎曲的程度，計算光線經過的星系質量，從而估算出暗物質質量。科學家不辭勞苦逐一測量千萬個星系，得到宇宙中的暗物質分布。總而言之，不管物質「暗」與「不暗」，只要有質量，光線就會被彎曲，並可透過彎曲的程度獲得質量分布。科學家們以此發明了一種「重力透鏡質量分布成像」（gravitational lens mass tomography），繪製出宇宙中暗物質的分布。

暗物質 失落的宇宙

介於「存在」與「不存在」之間，
一本書讀懂 21 世紀最重大的天文學難題

　　另外，透過宇宙背景輻射測量，也可以得到暗物質和暗能量的比例。二〇〇九年，普朗克科學探測衛星發射升空，主要觀測宇宙背景輻射。透過宇宙背景輻射測量所得的暗物質比例，與之前有所不同。圖 1.2.9 列出了普朗克太空探測前後，宇宙中暗物質所占比例。依據普朗克太空探測器的測量，目前普遍認為整個宇宙中暗能量占 68.3%，暗物質占 26.8%，其他可見物質僅為 4.9%，即在所有物質中，詭異的暗物質竟然占了 85%。

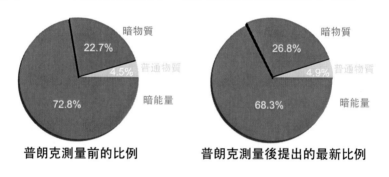

圖 1.2.9　宇宙中暗物質所占比例

　　暗物質在宇宙中的分布是人們十分關心的問題，也是科學界的重要課題。螺旋曲線測量結果顯示，星系中暗物質的分布似乎像比較均勻的「暈」。當代的大型望遠鏡採用了感光耦合元件（Charge Coupled Device, CCD）技術，可以探測到更加微弱的光線，觀察到「弱重力透鏡效應」，使遙遠星系的圖像呈現橢圓形。利用這些星系扭曲的圖像，再對比哈伯太空望遠鏡（HST）拍攝的遙遠星系團的可見光圖片，就能得到暗物質的具

體位置，從而建構出解析度更高的暗物質分布，並可繪製出長達十億光年的龐大暗物質分布圖。

　　研究人員發現：第一，宇宙中暗物質無處不在。星系內部充滿著暗物質，即便是宇宙中最明亮的星系內部，也存在著暗物質；第二，從大尺度看，宇宙就像由眾多星系構成的龐大、呈現為絲狀或捲鬚狀的「宇宙網」，暗物質分布在「宇宙網」狀結構中空曠的「網眼」內，將網上千萬個星系相互「黏」在一起。「宇宙網」由暗物質維繫，沒有它的存在，宇宙可能就不會以現在的狀態存在。類似於暗物質和可見物質在萬有引力的作用下匯聚，在暗物質比較集中的地方更容易吸引可見物質，從而促進形成星系和星系團。當然，暗物質和可見物質一樣也可以密集在一起組成星系，不過與普通星系不同，暗物質星系中沒有任何恆星發光，只能透過「重力透鏡」來發現。

　　圖 1.2.10 為哈伯望遠鏡獲取的暗物質分布圖，圖中的藍色區域是在哈伯望遠鏡的圖像上，所疊加的暗物質分布。

　　圖 1.2.11 為數位模擬所獲得的大尺度宇宙內的暗物質分布圖，圖中明亮的區域是高密度星系集中的地方，那些鄰近的暗區域則充滿了暗物質。

暗物質 失落的宇宙

介於「存在」與「不存在」之間，
一本書讀懂 21 世紀最重大的天文學難題

圖 1.2.10　哈伯望遠鏡所獲取的暗物質分布圖

　　（圖中的藍色區域就是在哈伯望遠鏡的圖像上，疊加上的暗物質分布）

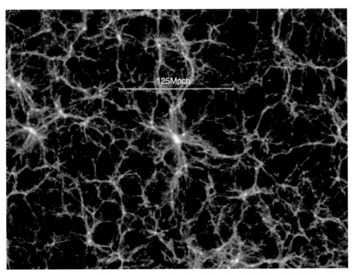

圖 1.2.11　數位模擬所得到的大尺度宇宙內的暗物質分布圖

　　總之，暗物質存在於宇宙的每一個角落。暗物質從每個星系一直延伸到宇宙空間，與鄰近星系的暗物質重疊後形成一個巨大的「宇宙網」。暗物質在宇宙網狀結構的網格中的空曠區域，其他星系密布在狹窄的網路上。

　　不過，暗物質在宇宙中的分布到底是什麼樣的，目前仍然是科學界討論的課題。

可能的暗物質

在尚未真正了解和認識暗物質的時候，只好先假設一些可能的暗物質候選者，並分別對其進行科學確認。

暗物質天體

人們首先想到的是宇宙中的中子星（見圖 1.3.1（a））、白矮星（見圖 1.3.1（b））、棕矮星（見圖 1.3.1（c））和黑洞（見圖 1.3.1（d））等暗物質星體，它們都是質量大而緻密暈的天體，其組成類似質子、中子，屬重子類的暗物質。恆星演化到末期，經由重力塌縮發生超新星爆發後，根據質量的不同，整顆恆星被壓縮為白矮星、中子星，甚至黑洞。它們的體積不大，但物質密度很大，引力極強，以致光線都逃離不了星體表面。由於光線

無法逃離，我們用望遠鏡等也無法看到，所以這類天體很暗。可惜，目前能觀察到的這些星體數目不多，它們的質量總和也太小，即使它們是暗物質，也遠不能解釋宇宙中如此大的暗物質分額，也不能解釋整個星系都瀰漫著暗物質。

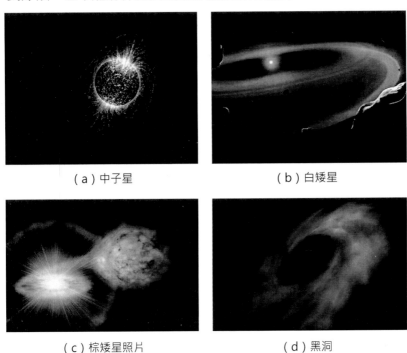

（a）中子星　　　　　　　　（b）白矮星

（c）棕矮星照片　　　　　　（d）黑洞

圖 1.3.1　可能是暗物質的天體

暗物質 失落的宇宙

介於「存在」與「不存在」之間，
一本書讀懂 21 世紀最重大的天文學難題

暗物質粒子

我們對暗物質的另一個猜想，是暗物質粒子，並假設這些粒子既可以存在於廣袤的太空中，也有結合成暗物質天體的可能。所謂廣泛分布在宇宙中的暗物質粒子，可能是宇宙形成初期，所產生的壽命極長的粒子。這些粒子屬非重子類的暗物質粒子。一類暗物質粒子是宇宙形成初期、溫度還很高的時候所形成的粒子，其速度接近光速，屬相對論型的暗物質粒子，有時也稱之為「熱」暗物質粒子，如質量很小的微中子等；另一類是宇宙形成較晚時候的暗物質粒子，是速度較慢的粒子，稱為「冷」暗物質粒子，如軸子（axion）、大質量弱相互作用粒子（WIMP 粒子）等；當然，也可猜想有中等速度、不冷不熱的「溫」暗物質粒子。圖 1.3.2 中列出了暗物質的候選者，如微中子、軸子、WIMP 粒子。

第 4 節會講到，三種微中子都是已經被發現的常規粒子，是目前標準模型中的基本粒子。它們不帶電，和其他粒子既無強力也沒有電磁作用，但有弱力。這種與其他粒子作用力很弱、作用機率很小的粒子，具備了暗物質粒子的特徵。可惜其質量太小，每個粒子的質量甚至小於 eV 的量級。與普通質子或中子（質量約為 10^9eV）相比，相差九個量級。這難以解釋宇宙中如此大比例的質量。另外，如此輕的微中子，即使能量不高的微中子也在接近光速運動，這個運動速度實在是太快了，以致根本無法聚集在一起形成任何類型的星系或星系團，所以微中子不

誰是暗物質可能的候選者？

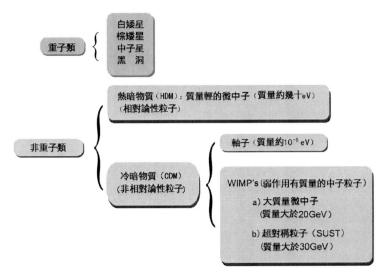

圖 1.3.2　暗物質可能的候選者

太可能是主要的暗物質成分。

　　軸子是一九七〇年代為解決強交互作用理論的時間不對稱問題，所提出物理模型中的一種假想粒子，但直至目前還沒有被實驗證實。理論預言的軸子質量在 10^{-6}~10^{-2}eV 範圍，質量比微中子還要小很多。軸子之間的作用很弱，誕生於宇宙溫度較低的狀態，速度也不快，有可能彼此吸引而聚集在一起。如此低質量的粒子，也很難是暗物質粒子主要的成分。

　　那麼，哪些粒子才是構成宇宙暗物質的主要成分呢？人們將注意力轉向了大質量弱相互作用粒子（Week Interaction Massive

Particle, WIMP）。

特別關注的 WIMP 粒子

WIMP 是假設和普通粒子有弱交互作用、質量較大的粒子，這顯然是一種很寬泛的說法，沒有嚴格定義 WIMP 到底是什麼粒子。但是我們可以認為：第一，WIMP 的質量可能比普通粒子（如質子、中子等）的質量大很多；第二，WIMP 不帶電，沒有電磁作用，也沒有像普通核子之間的強交互作用，幾乎與普通物質粒子不發生交互作用；第三，即使 WIMP 與普通物質粒子發生交互作用，也是很弱的作用——可能是標準模型中的弱力，也可能是我們還不了解的另類弱力；另外，理論認為 WIMP 產生於宇宙初始階段，有較大的質量，在宇宙中運動的速度緩慢，有可能聚集成團。但隨著宇宙膨脹並逐漸變冷，WIMP 相互遠離，無法再相遇後發生湮滅反應，從而存留下來。WIMP 被認為是最有可能的「冷暗物質」候選者。當然，也有可能有質量較小、速度較快的粒子，那將是「熱暗物質」或「溫暗物質」的候選者。

基於 WIMP 性質所建構的宇宙學模型，與天文實驗觀測較為吻合。由 WIMP 弱力的交互作用機率和統計物理中退耦理論（Decoupling）所推算出的數值，與實際觀察值差不多，尤其是 WIMP 和粒子物理中某些理論模型所預言的粒子特性相似，這些都成為將 WIMP 作為暗物質粒子主要候選者的重要原因。另

外，從實驗探測技術的角度出發，WIMP 粒子似乎也是比較容易被觀察到的粒子。

　　雖然目前還沒有完全透過實驗證實 WIMP 的存在，人們還是希望 WIMP 是一種大質量的特殊「微中子」，它與普通粒子之間可能有我們已經了解的弱交互作用，我們更加希望 WIMP 是粒子物理中所夢寐以求的超對稱（supersymmetry, SUSY）粒子。

1.4

為什麼要探尋和研究暗物質

　　歷經幾個世紀的探索，人類對世界的認識，包含了一百多億光年（10^{25}m）尺度的浩瀚宇宙至 10^{-35}m（普朗克長度）的微小基本粒子。隨著深入探索，我們意識到人類所知的不過是宇宙的一小部分，難道還不讓人驚奇、費解，並深究嗎？探尋大量暗藏在宇宙中的物質，找回「缺失」的宇宙，或者說尋找「隱藏」的宇宙，必然是一個「天大」的課題。

　　波蘭天文學家哥白尼（Nicholas Copernicus），在其一五四三年出版的《天體運行論（*De revolutionibus orbium coelestium*）》一書中指出：「地球並不是宇宙的中心，地球只是圍繞太陽運行的一顆普通行星，而且自身也會轉動」。哥白尼的「日心說」推翻了統治天文學千年的「地心說」，是人類對宇宙認識的一大進步。

此後，天文學和宇宙學的實驗觀察和理論研究，不斷突破人們對於宇宙構成的認知。地球不是中心，太陽也不是中心，甚至銀河系也不是。在愛因斯坦廣義相對論提出後，人們才認識到，宇宙根本沒有中心。同樣，暗物質和暗能量的存在，是前人從未想像、也無法想像的事情。今天，隨著暗物質、暗能量被證實在宇宙中佔有很大的比例，難道不是對我們的宇宙觀及物質觀的極大衝擊和巨大突破嗎？

　　也許，正是暗物質促成了宇宙結構的形成和演變，如果沒有暗物質，就不會形成今天的星系、恆星和行星，更談不上今天的人類了。儘管宇宙在極大的尺度上，似乎是均勻和各向同性（isotropy），但在一些小尺度上卻存在恆星、星系、星系堆積或星系團。我們知道，在大尺度能夠維持物質運動的力，就只有引力了；我們也知道，絕對均勻分布的物質之間沒有能使其運動的力。因此，今天所有的宇宙結構，應該出自宇宙極早期物質分布的微小漲落，而這些漲落又會在宇宙微波背景（Cosmic Microwave Background, CMB）中留下一些痕跡。如果我們不了解

圖 1.4.1　「宇宙物理學」報告的封面

暗物質 失落的宇宙

介於「存在」與「不存在」之間，
一本書讀懂 21 世紀最重大的天文學難題

占宇宙幾乎四分之一的暗物質性質、不了解宇宙極早期暗物質的分布或漲落，就不能說我們已經了解宇宙和其演化。只有進一步探索這些「不可見的宇宙」，找到暗藏在宇宙中的物質，才能全面認識宇宙的構成；也只有了解暗物質和暗能量如何影響銀河系及整個宇宙的過去、現在和未來，人類才能最終理解宇宙的起源。

所以說，暗物質的探究對宇宙學、天文學的發展具有重大的意義，同時對研究物質基本結構和基本交互作用的粒子物理學也是重大挑戰。二十世紀末，美國國家科學技術委員會（National Science and Technology Council, NSTC）組織了「宇宙物理學」的跨部委的工作小組，研究二十一世紀的重大科學問題，並在二〇〇四年五月初發表了「宇宙物理學」報告（封面照片見圖 1.4.1）。報告中提出了「建立夸克和宇宙的聯繫——新世紀的十一個科學問題」，其中第一個問題就是「什麼是暗物質（What is the dark matter？）」。可見，暗物質的探測與研究，不僅是橫跨「宇宙學」、「天文學」、「粒子物理學」三大學科的重大基礎研究課題，也是對這三大學科的重大挑戰。

目前物理學界有兩個理論：一個是關於宇宙結構和演化的宇宙學標準模型——大霹靂宇宙論；一個是關於物質基本構成和交互作用的標準模型理論。

暗物質與宇宙的生成與演變關係密切

大霹靂宇宙論認為，宇宙是 150 億年前，由一個極其緻密和熾熱的奇異點（Singularity），在一次大霹靂後膨脹形成。一九二九年，美國天文學家哈伯（Edwin Hubble）依據天文觀察，提出了星系的紅移量與星系間距離成正比的哈伯定律，並推導出星系都在互相遠離，並不斷膨脹。也就是說，不管你到哪裡、往哪個方向看，遠處的星系都正在快速遠離你而去。換言之，宇宙正在不斷膨脹，這也意味著很久很久以前，星體相互之間靠得很近很近。

依照星系遠離的速度，可以推算出大約 100 億至 200 億年之前的某一時間，它們應該聚集在同一地方，顯然，此時的密度應該非同尋常的大。哈伯的發現，暗示了存在著某個起始時刻，宇宙就是從那一刻開始互相遠離膨脹。

一九五〇年前後，俄裔美國科學家伽莫夫（George Gamow），首先建立了熱大霹靂理論（Hot Big Bang），認為在宇宙極早期的時候很小，且有一非常短的暴脹階段，其後宇宙立即變得很大。以伽莫夫建立的熱大霹靂理論為基礎，經過幾十年的努力，宇宙學家勾畫出一部宇宙演化的歷史：首先是宇宙起點的 10^{-43}s 大霹靂，接著 $10^{-35} \sim 10^{-33}$s 暴脹，暴脹期的溫度為 $10^{27} \sim 10^{22}$K，主要成分為夸克、電子等基本粒子，而後溫度下降。大霹靂後數分鐘內出現了一些核反應，合成出宇宙中幾乎所有的氦。隨著膨脹，宇宙逐漸變冷，在物質冷卻的過程中

暗物質 失落的宇宙

介於「存在」與「不存在」之間，
一本書讀懂 21 世紀最重大的天文學難題

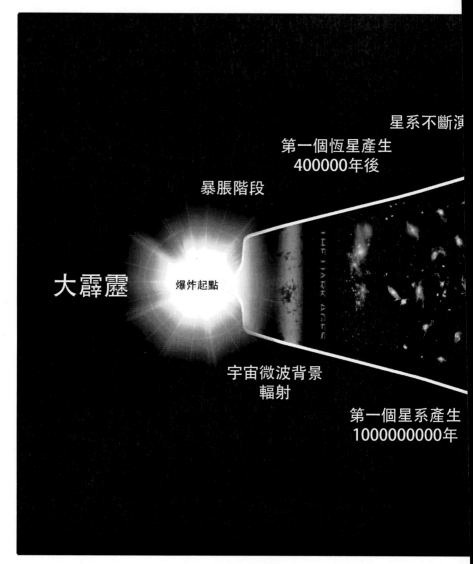

圖 1.4.2　宇宙暴脹過程

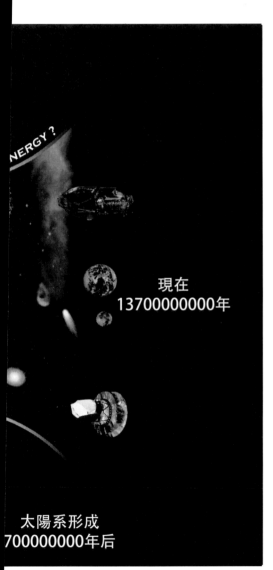

現在
13700000000年

太陽系形成
700000000年后

聚結成原始的星系。原始的星系一方面分裂為恆星，另一方面聚在一起成為更廣的星系團。隨著恆星的誕生和死亡，逐漸合成出碳、氧、矽、鐵這類重元素……

圖 1.4.2 描繪出宇宙暴脹過程的特點，圖中的橫軸表示時間。大霹靂理論引導我們追溯宇宙的演化，從最初的幾毫秒，到地球的形成、生命的出現，甚至可能的未來。同樣，如果存在暗物質的話，也應該在宇宙早期的三十八萬年以前就形成了，暗物質粒子也應該是那個時候產生的，至少是在質子、中子等被稱作重子物質產生之前就已存在。隨後，宇宙變得很冷。

暗物質 失落的宇宙

介於「存在」與「不存在」之間，
一本書讀懂 21 世紀最重大的天文學難題

　　暗物質的概念不僅來自人們觀察天體運動中的各種奇特現象
（如 1.2 節中的天體運動的典型例子），也出自對宇宙產生與演化
的理論研究。

　　按照大霹靂宇宙學，整個宇宙的幾何性質是由其質量－能
量密度（或稱宇宙密度）所決定。基於宇宙在大尺度上是均勻及
各向同性的基本認識，宇宙的幾何空間結構由所謂的羅伯遜—
沃克度規（Robertson-Walker metric）來描述。根據宇宙物質密
度的不同，由羅伯遜—沃克度規所描述的宇宙，有以下三種
基本類型：

　　設宇宙的密度為 ρ，存在一個臨界密度（羅伯遜—沃克
臨界密度）為 ρ_c 其數值為 $3H_0^2/8\pi G$（其中，H_0 為當前的哈伯
（Hubble）常數，下標 0 表示一個量的當前數值，G 為牛頓的萬
有引力常數）。

(1) 當宇宙物質密度高於臨界密度 ρ_c，宇宙的空間曲率為正，
宇宙幾何是球形、封閉的；

(2) 當宇宙物質密度等於臨界密度，宇宙的空間曲率為零，宇宙
是平直的；

(3) 當宇宙物質密度小於臨界密度，宇宙的空間曲率為負，宇宙
是開放的，呈馬鞍形。

　　如果用 Ω 表示宇宙物質密度與臨界密度之比（ρ/ρ_c），則上
述三種情形分別對應於 $\Omega>1$，$\Omega=1$ 和 $\Omega<1$。

　　我們的宇宙適合於這三種情形中的哪一種呢？研究宇宙演

化，有一條重要定律——Ω 應滿足下面的關係式：

$$(\Omega-1) / (\Omega_0-1) = (R/R_0)^{\alpha}$$

在上述關係式中，R 是描述宇宙尺度的物理量，α 是正的指數值，其數值取決於宇宙中輻射與物質的主導地位，宇宙早期以輻射為主導，則 $\alpha=2$，當前的宇宙以物質占主導，則 $\alpha=1$。

由關係式中不難看出，初始宇宙尺度越小，Ω 就越接近 1。儘管測量不是很準確，當前值 Ω_0 值的數量級也在 1 左右。天文學家以今天宇宙的尺度 10^{26}m，推算出在宇宙極早期（10^{-35}m 尺度）的 $\Omega-1$ 約為 10^{-60} 或更小，也就是說宇宙極早期的 Ω 約為 1.0 000000000000000000000000000000000000000000000000000000000000001，表明極早期宇宙的 Ω 值非常趨近於 1。

很難想像，為什麼在宇宙的初始條件中，Ω 如此接近於 1？或者說為什麼我們宇宙的初始空間曲率，會如此趨近於零？我們需要理論解釋，而在大霹靂宇宙模型中導入宇宙暴脹概念，就可以提供不錯的解釋。今天的暴脹宇宙學理論不僅可以解釋，為何宇宙早期的 Ω 如此趨近 1，還能進一步預言今天的 Ω_0 也特別接近 1（現實的宇宙已經處於接近平直狀態達幾十億年）；或者說，暴脹宇宙學暗示，宇宙的物質密度應該非常接近於臨界密度。

為此，我們對宇宙物質密度及臨界密度都做了大量觀測。儘管存在一些誤差，但觀測顯示，可見物質的密度遠遠小於臨界

密度。這麼大的差距從哪裡來？能不能用暗物質理論解釋？特別是採用 WIMP 假設理論？

當然，WIMP 能否解釋暗物質，還取決於它們的數量多寡。與夸克、電子等粒子一樣，WIMP 也是在宇宙大霹靂初期的高溫中產生。在宇宙的極早期，雖然高能粒子的碰撞產生了 WIMP，但也造成了 WIMP 的湮滅，但在任意時刻都有一定數量的 WIMP 存在。這一數量會隨時間的推移而變化，變化程度取決於受宇宙膨脹過程中「產生」、「湮滅」兩個過程的平衡度。一方面，宇宙的冷卻降低了碰撞的能量，導致減少產生了 WIMP；另一方面，宇宙膨脹使粒子密度降低，從而降低了粒子碰撞或湮滅的頻率，直到碰撞或湮滅不可能再發生為止。到大霹靂後大約 10ns（1ns 為十億分之一 s），宇宙不再擁有產生 WIMP 所需的高能量，同時也不再具備讓它們湮滅所需的高密度，WIMP 的數量便保存下來。

在假設 WIMP 的預期質量以及它們的交互作用強度（這決定了正反 WIMP 湮滅的發生頻率）的基礎上，物理學家計算出會保留下來的 WIMP 數量。讓科學家非常興奮的是，計算出來的 WIMP 的數量和質量，剛好能夠解釋今天宇宙中的暗物質比例。科學家將如此不同尋常的吻合稱為「WIMP 巧合」（WIMP Coincidence），這也是將 WIMP 作為暗物質粒子首選的重要原因。當然，這不過是在假設存在 WIMP 的基礎上解釋宇宙學的觀測事實，而只有當 WIMP 被真正找到後才能被證實。

如此，兩個十分重大而又非常基本的問題擺在我們面前：在宇宙學的大霹靂論中，能夠使宇宙膨脹的動力是什麼？目前所觀察到的宇宙物質密度遠小於臨界密度的緣由是什麼？前者可能是暗能量，後者可能就是暗物質。

由此不難看出暗物質研究的重大意義了，對暗物質的探索絕對是天文學、宇宙學和天體物理學的重大前沿課題。

夢寐以求的基本粒子

我們知道，物質是由最基本的粒子組合而成。物質由原子、分子組成，原子由原子核和電子組成，原子核由核子（即中子和質子）構成，而核子由最基本的夸克構成。我們已知的基本粒子如圖 1.4.3（a）所示，包括：六種夸克，分別用 u、d、s、c、t、b 表示；六種輕子，分別用 e、μ、τ、ν_μ、ν_e、ν_τ 表示，以及它們的反粒子；另外有傳遞交互作用的粒子（傳遞電磁作用的伽馬 γ，傳遞強力的膠子 g，和傳遞弱力的 W、Z 粒子）以及希格斯粒子。

另外，基本粒子的交互作用除引力外，還有電磁作用、核子之間的強力以及輕子之間的弱力。圖 1.4.3（b）中形象提出了不同粒子的幾種交互作用，圖中最低層的三種微中子 ν_μ、ν_e、ν_τ 只有弱力；中間層的三種帶電的輕子有電磁作用；最上面的六種夸克之間有強交互作用，而我們要問的是：第一，暗物質粒子（如上面所說的 WIMP 粒子等）是否是這些粒子中的某一

種？第二，暗物質粒子本身之間有什麼樣的作用？第三，暗物質粒子與普通物質粒子之間，除了引力之外還有其他交互作用嗎？第四，如果有作用，是基本交互作用中的某一種呢，還是存在其他作用……可見，尋找暗物質粒子，不僅對粒子物理研究具有重大意義，也是對粒子物理的一個重大挑戰。這就不難理解，為什麼將暗物質的尋找和研究，稱為二十一世紀「建立夸克和宇宙的聯繫」的第一重大課題了。

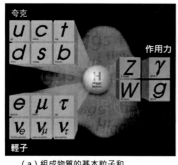
（a）組成物質的基本粒子和
傳遞作用的玻色子

（b）三種交互作用和相應的粒子

圖 1.4.3　基本粒子及交互作用

　　粒子物理學的標準模型理論，成功解釋了各種實驗現象，並被廣泛接受，且標準模型中預言的「上帝粒子」，在大型強子對撞機（LHC）的實驗中被找到了。「上帝粒子」，即希格斯粒子（Higgs）的證實，表明粒子物理學的標準模型理論近乎完美。

　　但是，標準模型理論也有其不足之處。在粒子物理理論中還有一些棘手的問題，比如標準模型中著名的級列問題（Hierarchy

Problem），即為什麼在電弱統一的能標，與其他幾種作用統一的能標（或稱普朗克能標）之間存在高達十幾個數量級的差別？此外，基本粒子按照自旋的差別被分為兩大類，自旋為整數的粒子被稱為玻色子（Boson），自旋為半整數的粒子被稱為費米子（Fermion），而這兩類粒子的基本性質截然不同，什麼樣的對稱性能將這兩類粒子聯繫起來呢？而能夠回答這些的理論，就被稱為超對稱理論（SUSY）。

　　超對稱是指費米子和玻色子之間的一種對稱性。該理論認為，標準模型中的每個粒子，都有和它鏡像對稱的超對稱粒子，如圖 1.4.4 所示，超對稱理論所預言的粒子叫超對稱粒子。圖 1.4.5 提出了和標準模型粒子所對應的超對稱粒子名稱和自旋。該理論還認為，雖然在交互作用能量低的時候（能標低的時候），電磁作用、強力、弱力，甚至引力作用的作用強度有很大不同；當交互作用能量很高的時候（能標很高的時候），就會趨於一致，而且可能在某個能標下，這幾種作用幾乎相同（見圖 1.4.6）。我們也可以這樣理解：宇宙中只有一種交互作用，只是能標低的時候表現為不同形式而已。例如電磁作用，在某些時候只表現磁作用，某些時候只表現電作用，但它們本質上是同一種作用在不同場合下的不同表現而已。

　　超對稱理論大大簡化了粒子物理的基本框架，約化了交互作用，但也帶來了煩惱。最討厭的是在基本粒子大家庭中，憑空增添了成倍的成員。超對稱理論還預言了一種超中性子

（neutralino），它具有一定質量，壽命還很長。超中性子之間的交互作用以及與普通物質的作用都很弱，很容易「穿過」正常物質。

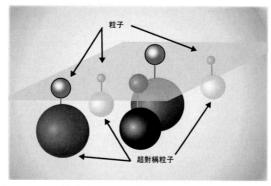

圖 1.4.4　基本粒子及其鏡像的超對稱粒子示意圖

　　遺憾的是，多年來這種理論所預言的那麼多超對稱粒子，包括「超中性子」，一個也沒有找到，人們不禁要問：它們會不會是暗物質粒子呢？如果暗物質粒子是某種超對稱粒子的話，將是對該理論重大的實驗支持。從這裡也不難看出，暗物質粒子的探測對基本粒子物理學是多麼重要。

　　物理學家們在展望二十世紀物理學前景時認為，「十九世紀的物理學天空被『兩朵烏雲』籠罩了」，二十世紀對這「兩朵烏雲」的探究出現了「量子論」和「相對論」，給物理學界帶來了革命性的變革，大大推進了人類對客觀物質世界的認識。

　　這就不難理解，為什麼在二○○八年歐洲推出「物理學長期發展規劃」中，將暗物質列為二十一世紀的六大科學難題之

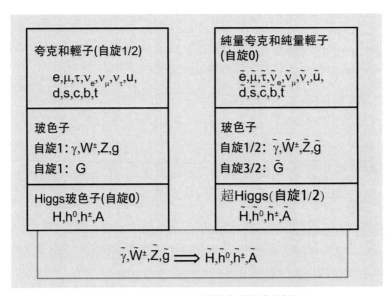

圖 1.4.5　基本粒子與其對應的超對稱粒子

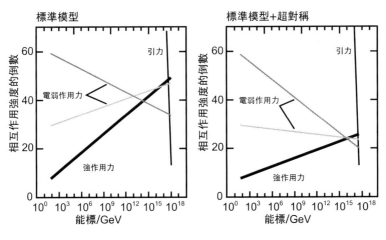

圖 1.4.6　不同能標下的幾種交互作用強度

暗物質 失落的宇宙

介於「存在」與「不存在」之間，
一本書讀懂 21 世紀最重大的天文學難題

首，暗物質是不遠的未來可能出現革命性突破的重大基本科學
課題。美國國家科學院所發布的天文及天體物理「2012—2021
十年規劃」中，也將暗物質和暗能量作為主要研究方向。

小結

今天，我們已經觀察到幾乎所有不同波段的宇宙，可以說是
一覽無遺「看」到了整個宇宙；萬萬沒有想到，所看到的如此浩
瀚宇宙，竟然只是它很小的一部分，而無法觀察到的暗物質和
暗能量，卻占宇宙的大部分。

二十一世紀的今天，現代物理學的天空中又有「兩朵烏雲」
——暗物質和暗能量。揭開暗物質和暗能量這「兩朵烏雲」之
謎，很可能導致下一場物理學革命，促成人類對物質世界和宇
宙認識的又一次重大突破。

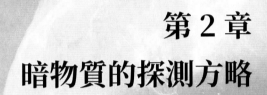

第 2 章
暗物質的探測方略

2.1

暗物質粒子的基本性質

　　觀察宇宙中大量的星系和星系團，透過引力現象，「感知」到暗物質的存在，那麼如何才能像探測物質那樣，直接或間接探測到暗物質呢？物質的探測都是透過強力、弱力和電磁交互作用來實現。例如我們前面提到的海王星，透過望遠鏡觀察到它的微弱光線，才知道海王星的存在，並透過測量和分析光譜了解到更多相關資訊。微中子也一樣，一開始只是由能量測量，「感覺」到它的存在，直到觀察到微中子和已知粒子的碰撞或散射（交互作用），才真正得到證實。現在，我們已經透過引力知道了暗物質的存在，為什麼還要探尋暗物質呢？

　　前面講過，暗物質的天體不是構成宇宙的主要部分，宇宙的主要部分很可能是分布極廣的暗物質粒子。探祕這些暗物質

粒子的含義不僅僅是回答有無的問題，而是要知道：第一，暗物質粒子與基本粒子之間除引力之外，是否還有其他作用？第二，如果有作用，其作用強度有多大、在交互作用中表現出的質量有多大？第三，如果有作用，是基本粒子交互作用中的某一種呢，還是存在其他類型的作用？第四，暗物質粒子的種類、質量，在宇宙中各自的分布……

必須大膽猜想

　　在人們還沒有直接觀察到暗物質、還不了解它真面目的時候，想要探測它只有一種辦法，那就是先大膽假設，然後按照假設的暗物質性質設計實驗，並逐一驗證，只有得到驗證的假設才能被認可。就像前面所講，現在人們普遍認為暗物質粒子的第一候選者是 WIMP，那我們就應該首先大膽猜想 WIMP 的性質，再依據猜想設計出各種實驗，設法「探測」到它，看看它與物質有無交互作用，如果有、並且與猜想的性質基本相符，我們才算探測到它；如果沒有發現交互作用，或者與事先的猜想不相符，就說明我們的假設有問題，需改變假設與。由於目前人們普遍認為 WIMP 是暗物質粒子的首席候選者，本章將以探測 WIMP 為重點，介紹探測暗物質的原理、方法和實驗。

　　要想探知 WIMP、設計能夠探測 WIMP 的實驗，必須先有根據假設一些 WIMP 的基本性質，否則將無從下手。

暗物質 失落的宇宙

介於「存在」與「不存在」之間，
一本書讀懂 21 世紀最重大的天文學難題

暗物質粒子 WIMP 可能的性質

依據對宇宙中星系及星系團的觀察，除引力外，對 WIMP 性質的猜想可歸納為以下幾點：

(1) WIMP 應該是來源於宇宙大霹靂的粒子，而且很穩定（或壽命很長），直到今天仍然大量存在於宇宙中。

(2) 每個 WIMP 的質量很大，有可能比質子的質量還要大得多。質子的質量為 1GeV 左右（即 6×10^{23} 個質子的質量大約是 1g），而 WIMP 粒子質量是質子質量的幾倍、幾十倍或幾百倍，在 1~100GeV 的範圍。

(3) 可以肯定，WIMP 不帶電，是中性粒子。因為如果 WIMP 帶電，早就可以透過電磁作用發現它們了。

(4) WIMP 和普通粒子之間不僅沒有電磁交互作用，也不會有類似於原子核內那樣的很強的核作用力；若有交互作用，也一定非常弱，或許是像普通粒子 β 衰變中表現的弱交互作用，也或者是我們還不了解的其他弱交互作用。如此弱的作用，使得 WIMP 與普通粒子發生作用的機率非常小。當然，我們可以透過發生作用的頻率判定其作用強弱。

(5) 宇宙中 WIMP 的數量很大，透過宇宙的質量密度和 WIMP 的質量，可以估算出宇宙中 WIMP 的密度，其數值和光子差不多（光子的密度為 300~400/cm³）。雖然數量大，但它與普通物質發生作用的機會並不多。有人估算，目前每秒鐘正有數以十億計的 WIMP 穿過地球以及地球上每種動植物的有機體。考慮到 WIMP 在宇宙中的密度和相對地球的運

動速度，再假設其與正常物體發生作用的強度接近於我們已知的弱力強度，那對於質量約 60GeV（相當 60 個質子的質量）的 WIMP，穿過一個體重為 70kg 的人體，每年可能發生大約 10 次撞擊事件；若 WIMP 的質量為 10~20GeV，則每年約有幾百個這類粒子與人體內的原子核相撞。

(6) 像普通的正反電子（帶正電的電子和帶負電的電子）或正反質子（帶正電的質子和帶負電的質子）湮滅一樣，正反 WIMP 碰撞後也可能湮滅。所謂湮滅，就是正反粒子碰撞後兩粒子立即消失，並在消失的同時有新的粒子產生。假設暗物質粒子 WIMP 和它的反粒子在碰撞時也發生湮滅，而且湮滅後會生成一對我們很熟悉的粒子（如一對電子、或一對伽馬射線，或其他粒子等）。如果用 χ 表示 WIMP 粒子，χ' 表示 WIMP 反粒子，其過程可表示為：

$$\chi + \chi' \rightarrow e^+ + e^-$$

$$\rightarrow \gamma + \gamma$$

$$\rightarrow \nu + \bar{\nu}$$

在以上式子中，e 代表電子，γ 表示射線；ν 表示微中子。當然，這只是我們的假設，需要實驗證明。

(7) 依據宇宙或天文觀測，認為暗物質粒子 WIMP 瀰漫在整個宇宙中，雖然有一些分布上的漲落，在大尺度上講基本上是均勻的。WIMP 在各星系或銀河系中，形成大致均勻的 WIMP「雲霧」或「暈」。WIMP 較為均勻瀰漫在銀河系中，太陽在 WIMP「暈」中運動。太陽在銀河系中的速度

是 220km/s 左右，而我們所在的地球在太陽系中運動，其速度大約為 30km/s。考慮到 WIMP 暗物質粒子自身的速度不高，WIMP 相對於我們地球的速度在每秒 250km 左右，而在微觀世界中，這個速度顯然比較慢。按照這些假設可知，除 WIMP 本身的熱運動外，WIMP 相對於地球的動能不大。

2.2

暗物質粒子的探測方略

2.1 節對 WIMP 的基本
猜測告訴我們，銀河系外
50 萬光年的區域有較為均
勻的暗物質量，太陽系也
同樣在銀河系的暗物質粒
子量中。圖 2.2.1 所示為銀
河系及其周圍的暗物質粒
子的想像分布，圖中有暗
物質量、銀河系和其中的
太陽系，圖中公式是暗物
質粒子熱運動速度的分布。

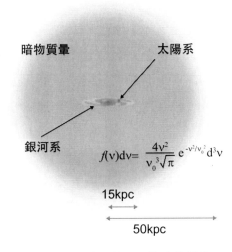

圖 2.2.1　銀河系及其周圍的暗物質粒子
分布示意圖

暗物質 失落的宇宙

介於「存在」與「不存在」之間，
一本書讀懂 21 世紀最重大的天文學難題

　　基於這一猜測，我們需要借助實驗來證實周圍的暗物質粒子。除暗物質粒子本身的熱運動外，還有地球圍繞太陽的轉動及太陽在銀河系中的運動。我們周圍的暗物質粒子相對在地球上探測器的運動速度，可以透過太陽和地球的運動估算。依據前面的假設，對於我們的探測器而言，暗物質粒子不是靜止的粒子，而是有一定速度（大約 250km/s），或者說是具有一定能量的粒子，其密度大約為每公升十幾或幾十個。

兩種探測方案

　　有兩種探測暗物質粒子 WIMP 的方案：一類是探測宇宙中 WIMP，直接回答宇宙中是否存在有暗物質粒子，最方便在地球上尋找 WIMP，當然，也可以到空中或太空尋找和探測；另一類是設法人工產生 WMIP，而後探測和研究 WIMP。前者是被動尋找宇宙中的 WIMP，將探測器放到天上或地上，等待宇宙中的 WIMP 進入探測器。雖然有點「碰運氣」和「守株待兔」的味道，但是一旦探測到 WIMP，不僅可證明探測方案可行，而且能證明宇宙中的確有 WIMP 的存在。後者則不同，它是人為主動用高能量的普通粒子碰撞產生 WIMP 後再探測。該方案的可行性基於一個大膽的假設：當能量夠大（遠大於 WIMP 的質量）的普通粒子碰撞，就有可能產生一對 WIMP。這種方案有利於我們主動、有條不紊探測和研究所產生的 WIMP，同時還能證明普通粒子可以產生暗物質粒子，當然也表明了普通粒子與

暗物質粒子之間有某種交互作用。

　　在過去幾十年中，我們利用加速器產生了很多自然界所沒有、或很難找到的粒子（這些粒子壽命極短，宇宙中即使有也稍縱即逝，無法捕捉）。例如利用正負電子對撞產生壽命極短的 J/ψ 介子、W 和 Z 玻色子等。所以人們極富想像力假設 WIMP 也可以透過普通粒子的交互作用產生，例如高能量的正反質子對撞，產生一般粒子的同時，就有可能產生一對 WIMP 粒子（P+P → χ+χ'）。如圖 2.2.2 所示，加速器中粒子對撞產生了很多粒子，其中有可能有 WIMP。很顯然，這種方案比在宇宙中尋找要容易控制，比較容易仔細研究，不過這還不能讓我們直接證明宇宙中是否存在 WIMP。

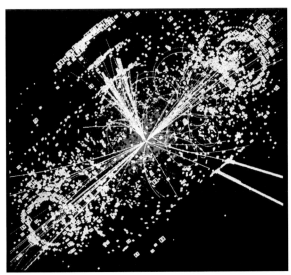

圖 2.2.2　加速器中粒子對撞產生粒子示意圖

三種探測方法

1・被動探尋方案

在地球上或太空中探尋 WIMP 的被動探尋方案中，有兩種不同的測量方法：一種是探測 WIMP 與普通粒子之間碰撞的「直接探測」；另一種是探測正反 WIMP 粒子之間湮滅現象的「間接探測」。

（1）直接探測

要想知道 WIMP 與普通物質的粒子（如原子核）之間到底有無交互作用，最簡單又直觀的方法，就是看看 WIMP 與普通的原子核是否發生彈性或非彈性散射（Inelastic scattering），由 WIMP 直接轟擊普通探測器介質的原子核，觀察 WIMP 與其原子核之間有無發生交互作用。如果沒有發生作用，WIMP 就會穿堂而過；如果發生作用，那麼探測器介質中的原子核，就會從 WIMP 那裡獲得一定能量，這些獲得能量的原子核會在探測器介質中產生已知的各種物理現象（例如，探測器介質中可能會產生電荷，也可能產生可見光等）。透過這些現象，我們可以推演出 WIMP 的資訊，這種探測方法被稱為直接探測。

圖 2.2.3 所示為直接探測原理的示意圖，圖中 χ 代表暗物質粒子射入探測器，與探測器中的原子核發生作用後從探測器飛出，探測器中的原子核被「反衝」而得到一定的能量。不難看出，這種方法很適合在地球上探尋（2.3 節中將詳細介紹這種探測方法）。

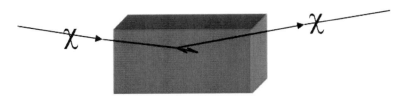

圖 2.2.3　直接探測原理示意圖

（2）間接探測

間接探測方法，是基於暗物質粒子 WIMP 粒子和它的反粒子之間有可能發生湮滅的假設。透過探測 WIMP 粒子和它的反粒子湮滅後，生成一對電子（能量相同的兩個正負電子）、兩個伽馬射線（能量相同的一對伽馬射線）、正反質子、正反微中子等我們已知的粒子來探知 WIMP。WIMP 粒子碰撞也可能產生一對夸克，夸克再轉變為很多其他粒子，如圖 2.2.4 所示。湮滅後生成的粒子都是我們熟悉的粒子，伽馬也是我們很了解的高能量射線，能夠很容易被探測到，再透過這些湮滅生成的粒子推斷出 WIMP 的存在與性質。

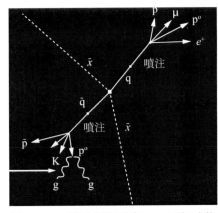

圖 2.2.4　間接探測示意圖，兩個暗物質粒子湮滅後生成普通粒子

79

間接探測法真正探測的粒子，是我們很了解的普通粒子，所使用的探測技術與粒子物理或核物理實驗中的探測技術幾乎一樣，不過要將探測實驗放到 WIMP 粒子及其反粒子濃度高（即 WIMP 粒子及它的反粒子湮滅機會大）、且湮滅後產生的次級粒子（如電子或伽馬）不容易丟失的地方。很顯然，將探測實驗放到太空，至少是大氣層以上的地方比較妥當，實驗過程才可以減少大氣干擾（2.4 節將詳細介紹這種探測方法）。

2·主動探尋方案

主動探尋方案只有一種探測方法，即在人工產生 WIMP 的同時，探測 WIMP。雖然將探測器安置在對撞機附近很容易實現，但也有很大的困難。

首先，普通粒子對撞產生 WIMP 的機率極小，千百萬次碰撞才可能產生一次；其次，產生普通粒子的機率極大，在能夠產生 WIMP 的碰撞中還同時產生大量普通粒子，這意味著要在大量普通粒子的背景中尋找 WIMP。由於探測器可以高效探測到普通粒子，而 WIMP 與探測器的作用機率極小，從而很可能穿出探測器，不留任何痕跡，這就意味著即使產生了 WIMP 也很難捕捉到它。這就需要透過能量或動量守恆，間接解析有無 WIMP 了（因為 WIMP 會將部分能量或動量帶走，2.5 將詳細介紹這種探測方法）。

3·新物理的探尋

實際上，前面所講的探尋方案或測量方法，都是假設存在有

不同的物理交互作用或物理過程；而如果沒有這些物理過程，也就不可能探測暗物質了。圖 2.2.5 表示了上述探尋方案所假設的基本物理過程。圖中，DM（Dark Matter）代表暗物質粒子，SM（Standard Mode）代表標準模型的普通粒子。圖中從左往右的過程表示 DM+DM → SM+SM，即兩個暗物質粒子交互作用，產生兩個普通粒子的過程，即間接探測的物理過程；從下往上的過程表示 DM+SM → DM+SM，為暗物質粒子與普通粒子交互作用過程，它們之間可能是彈性碰撞，也可能是非彈性碰撞，即直接探測的物理過程；從右往左的過程表示 SM+SM → DM+DM，為兩個普通粒子交互作用，產生兩個暗物質粒子的過程，即人工產生暗物質粒子的過程。

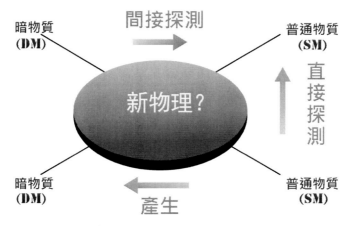

圖 2.2.5　探尋 WIMP 所基於的新物理

不難看出，無論是第一種 WIMP 之間的交互作用、第二

種 WIMP 與普通粒子的作用，還是第三種普通粒子作用產生 WIMP，都是我們猜想的交互作用，而且都是目前人們還沒有發現或被證明的物理過程，通常稱之為「新物理」過程。如果存在這些作用的話，其中就有我們所不了解的自然規律，即上面講的探尋方案或測量方法，其實質是基於所假設的新物理。

由此可見，探尋或測量暗物質粒子，不僅僅是尋找暗物質，更是新物理的探尋。如果沒有所假設的這些新物理過程，就根本談不上探測 WIMP；但是一旦探尋到暗物質粒子，就意味著發現了新物理，這將改變我們對物質世界的認識，其意義不亞於「量子論」和「廣義相對論」的創立，這也是粒子物理學家特別關注暗物質粒子實驗探測和研究的重要原因。

當然，這些還只是科學假設，需要有力的實驗證實。不過，在對暗物質探尋之前這種假設又是必需的，這些假設是我們制定探尋方案的基礎。依據既有的一些片面物理徵兆，大膽提出假設，而後進行實驗和科學論證，是人類認識自然和了解宇宙的基本途徑。

暗物質粒子 WIMP 的直接探測

暗物質粒子與原子核的碰撞

檢驗暗物質粒子與普通粒子有無作用，就是要看它們能否直接碰撞。交互作用越強，碰撞的機率越大，單位時間內碰撞的次數就越多；而如果沒有任何交互作用，就永遠不會發生碰撞。

暗物質粒子 WIMP 的直接探測，就是要看到 WIMP 與探測器介質中原子核的直接碰撞，透過碰撞告訴我們 WIMP 是否和普通的物質粒子有交互作用。可以透過直接碰撞的機率獲得交互作用的強度，透過碰撞中的能量和動量的傳遞，獲得 WIMP 的質量等資訊。總之，只有觀察到 WIMP 與普通介質中的粒子碰撞（交互作用），我們才能說探尋到暗物質了。

怎樣才能知道 WIMP 與普通介質中的粒子發生交互作用了呢？我們知道，如果探測器中的原子核與暗物質粒子碰撞，並從暗物質粒子得到一定的反衝能量，就可以透過該原子核獲得交互作用的資訊。問題可以歸結為兩點：一是設法提高 WIMP 與探測器介質中的原子核發生交互作用的機會；二是提高從 WIMP 那裡獲得一定能量原子核的探測效率。

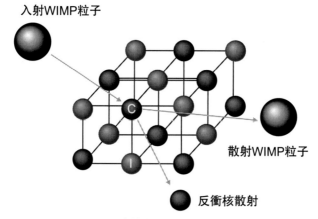

入射WIMP粒子

散射WIMP粒子

反衝核散射

圖 2.3.1　直接探測 WIMP 的示意圖

圖 2.3.1 是直接探測 WIMP 的示意圖。圖中灰色的大球代表 WIMP 暗物質粒子，紅色和綠色小球是探測器介質中的兩種原子核。當 WIMP 射入到探測器介質中，與介質中的原子核作彈性碰撞，原子核被反衝的同時，WIMP 也被散射（圖中右下方的灰色球）。這是典型的兩體彈性碰撞，也稱作核反衝（nuclear recoil）。介質中原子核被反衝，並從 WIMP 獲得一些能量，得

到能量的原子核離開原來位置，並將圍繞外面的電子甩掉成為「裸核」。顯然，被反衝出來的「裸核」是帶電的粒子（圖中沒有畫出電子）。

　　帶電粒子是我們十分了解的粒子，它與探測器介質的其他原子有電磁交互作用，很容易被探測到。如果我們應用各種手段來測量被反衝並帶電的原子核（或稱裸核）的能量或動量，就可以推導出 WIMP 的質量大小。透過發生次數的多寡，估算出碰撞的機率，也就知道它們之間的交互作用強度了。從這個意義上講，所謂的直接探測也並非是真正的直接探測，而是透過探測被反衝的原子核來實現。

如何辨別暗物質粒子事件

1·單一事件辨別法

　　暗物質粒子 WIMP 與探測器中普通原子核作用機率的非常小，探測器周圍有大量的伽馬射線、帶電粒子和宇宙線粒子等，這些射線或粒子與原子核作用的機率非常大，成為探測器的背景事件。我們必須一方面採取一切措施減少背景事件，另一方面要有辨別暗物質粒子事件和背景事件的能力。

　　如果我們能透過暗物質粒子的核反衝事件和背景事件的特徵加以區別，就可以分析每一個事件，將暗物質粒子事件從大量背景事件中挑選出來。不過這是一件很困難的事，一是反衝原子核的能量很低，很低能量的核反衝事件與背景事件的特徵很

相似；另外，外界的電磁干擾和探測器本身的電子雜訊都會影響其辨別能力。當然，如果 WIMP 的質量很大、反衝原子核的能量大，其難度還比較小，辨別的靈敏度會更高一點。

伽馬射線背景很大，首先要將 WIMP 事例和伽馬射線背景事例區別開。我們知道，伽馬只和原子核外的電子發生作用，即只能反衝電子。而 WIMP 與原子核發生作用，是核反衝事件。我們必須區分這種「電子反衝」事件與核反衝事件。圖 2.3.2 是電子反衝和核反衝的示意圖。

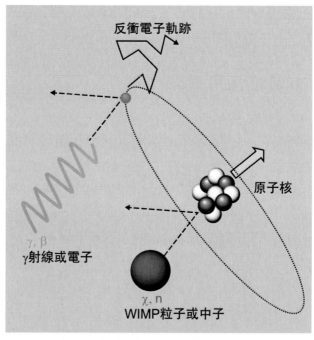

圖 2.3.2　電子反衝和核反衝示意圖

　　另一個更重要的問題，是中子背景問題。中子與原子核的作用與暗物質粒子一樣，都能反衝出原子核。到目前為止，還沒有任何辦法可以區分 WIMP 和中子的核反衝事件。唯一的辦法是採取一切可能的措施，不讓中子進入探測器中；或者精確知道進入探測器的中子數量和產生核反衝事件的數量，而後將這部分扣除。

　　假若很難以單一事件的特徵（或稱個體特徵）來鑑別暗物質，也可以透過對比暗物質粒子事件和背景事件的群體特徵來鑑別。其中，反衝核事例率和能量的關係（或稱「反衝核能譜」）以及彈性散射事例率和時間的關係（或稱「彈性散射時間譜」）就是兩個重要的群體特徵。雖然群體特徵的差別不能確定單一事件的屬性，即不能確定哪個事件是暗物質粒子事件，和哪個事件是背景事件，但可以確定有無暗物質粒子事件的存在的實驗事實。「能譜測量法」就是依據「反衝核能譜」來鑑別暗物質粒子的方法，「年調製效應檢驗法（Annual Modulation Analysis）」和「日調製效應檢驗法」，就是依據「彈性散射時間譜」來鑑別暗物質粒子的方法。

2・能譜測量法

　　如果沒有辦法透過比對每一個事件，將 WIMP 的核反衝事件挑選出來，就可以利用核反衝事件的能譜與背景事件能譜的不同來發現 WIMP。所謂核反衝事件的能譜，就是不同「反衝核」動能的事例率。背景能譜基本上是「反衝電子」的能譜。

如果我們測量到的能譜不同於背景能譜，就有可能有 WIMP 所產生的核反衝事件能譜；或者說，將所有可能的實驗背景扣除掉之後，仍然有「多餘」的能譜無法解釋，並且與理論預期的 WIMP 能譜相近，就可以認為是看到了 WIMP。

當然，「扣除」不是一件容易的事，因為相對 WIMP 與核的碰撞事件相比，背景事例量實在是太大了，高出了十幾個量級。必須將背景數量減少到與 WIMP 粒子的核反衝事件到同一個量級的水準，才有可能將其分離，這是對實驗的極大挑戰。

很顯然，我們最好預先知道核反衝事件能譜和背景能譜的分布。前者我們可基於假設的 WIMP 的理論模型計算得到，後者可以透過實驗獲得，下面對核反衝事件能譜的理論預言做一簡單分析。

假設 WIMP 的質量為 M_x，動能為 E_x。圖 2.3.3 表示 WIMP 與靜止的原子核碰撞，WIMP 被散射，散射角為 θ，原子核被反衝並獲得能量 E_R。核反衝能量 E_R 的大小，與兩者的夾角 θ 有關，角度 θ 小，核得到的反衝能量就小；角度 θ 大，核得到的反衝能量就大。在無法測量角度的情況下，或者說，考慮所有可能反衝角度的情況下，發生碰撞事例率和反衝能量 E_R 的關係為：

$$\frac{\mathrm{d}R}{\mathrm{d}E_\mathrm{R}} = \frac{R_0}{E_0 K}\, e^{-\frac{E_\mathrm{R}}{E_0 K}}$$

$$K = \frac{4 m_\mathrm{W} m_\mathrm{N}}{(m_\mathrm{W} + m_\mathrm{N})^2}$$

在以上式子中，K 為約化質量（reduced mass），R 為事例率，R_0 為總事例率。E_0 為 WIMP 最可能的入射動能。

總事例率 R_0 的大小，反映出 WIMP 與原子核的作用強度。由於 WIMP 和原子核的作用極其微弱，R_0 值極小，所以事例率極其低；上式還表明，反衝能量越小，其事例率相對越高，事件率隨反衝核的能量增加呈指數下降。實際遠不止這麼簡單，其事例率還與原子核的形狀因子、自旋，以及探測器的效率、解析度等有關。上式中並沒有包括這些因素，這裡就不多講了。

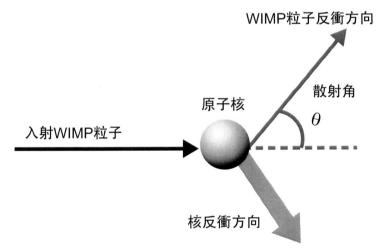

圖 2.3.3　WIMP 與原子核碰撞散射中的能動量和散射角

圖 2.3.4 是氙（Xe）、矽（Si）、鍺（Ge）與 WIMP 碰撞後，三種原子核的反衝能與事例率的關係。反衝核能譜在半對數座標中，基本上是一直線。這裡假設交互作用的截面為 10^{-45}cm^2，

暗物質 失落的宇宙

介於「存在」與「不存在」之間，
一本書讀懂 21 世紀最重大的天文學難題

WIMP 的質量為 100GeV/C^2。圖中橫座標為反衝核的能量，單位是 keV；縱座標是事件數，單位為每公斤每天每 keV 能量區間裡的事件數（用 cpkkd 表示）。圖 2.3.5 是質量為 10GeV 的 WIMP 將 Ge 原子核反衝出來後，反衝 Ge 核能譜，圖 2.3.5（a）為不考慮任何修正的能譜，圖 2.3.5（b）為考慮修正後的能譜。

交互作用的種類不同，其強度就不同，作用機率也就不同。一般以作用在截面來表述機率，為什麼作用截面會與機率有關呢？

假設有兩個小球在一定空間中隨機運動，球的直徑越大，體積越大，相互能「看」到的截面就越大，碰撞的機會就越大；反之，碰撞機率就小。所以，截面大小可以用來代表碰撞機率，也就可以間接代表交互作用的強度。例如，電磁作用的強度比較強，作用機率大，作用截面在 10^{-24}cm^2 左右；而弱力的強度很弱，作用機率很小，其交互作用的截面在 10^{-45}~10^{-42}cm^2 之間，兩者之間相差約 20 個量級。

因為微觀粒子都非常小，碰撞截面也很小，不可能用宏觀物理中的平方公分作為單位。為了方便計算，就規定以 1cm^2 的 -24 次方（10^{-24}cm^2）作為單位，稱之為 1b（邦），而 1mb（毫邦）=10^{-3}b，1vb（微邦）=10^{-6}b，1pb（奈邦）=10^{-9}b。

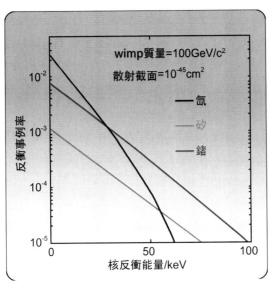

圖 2.3.4　Xe、Si、Ge 三種原子核與 WIMP 碰撞的反衝能與事
例率的關係

當然，碰撞的機率與性質不僅和 WIMP 有關，也與探測器
介質的原子核的質量有關，從圖 **2.3.4** 中三種不同介質的原子核
的事件率數可以看出：

(1) 由於交互作用很弱，發生碰撞機率很小，所以事例率極低。
當探測器介質的質量為 1kg 時，有可能 100 天才會發生一
次 WIMP 與原子核的反衝事件（用 ≈ 0.01/（kg/d）表示，
即 1kg 的探測器介質，在 1 天中只有 0.01 次碰撞）。圖中
的事件率是基於碰撞截面為 $10^{-45}cm^2$ 計算出來的。

(2) WIMP 相對於地球上探測器的速度只有 250km/s 左右，這
意味著 WIMP 相對撞擊原子核的速度很小，原子核得到的

反衝能量很低，在 keV 的範疇。即使 WIMP 的質量是質子的質量的 100 倍，總的動量也還是太小，傳遞給探測器介質的原子核的能量也不大。圖 2.3.4 中是假設 WIMP 的質量為 100GeV（相當於 100 個質子的質量）時，Xe、Si、Ge 三種核的反衝能量，都在 keV 量級。

(3) 從事例率與反衝能的關係可以看出，反衝能量越小，其事例率越高，即很大部分的碰撞裡原子核得到能量都比較小。為了提高探測能力，要求探測器有探測小反衝能量事件的能力，也就是要求探測的能量閾值（能測量的最低能量）要小。

背景事例的能譜就需要實際測量了，雖然採取嚴格的措施來減少背景（包括封鎖和鑑別等），仍有「剩餘」的背景在探測器中。圖 2.3.6 所示為 Ge 偵檢器實驗測量得到的能譜。除連續能譜外，還有不少單能峰。圖中標出了伽馬射線對應的能量及來源，不少是 Ge 偵檢器內部的由於宇宙線產生的（宇生）放射性元素的特徵 X 射線。Ge 偵檢器有優良的能量解析能力，不論是外部進入的還是探測器內部的背景，只要是單能的伽馬射線就可以從能譜中看到有單能峰的出現。我們知道，表示 WIMP 的核反衝譜是連續的（見圖 2.3.6），這些單能峰顯然不是 WIMP 事件，我們可以直接扣除。最後，將扣除掉單能峰的背景譜與上述理論預言的能譜比較，就可以知道有無探測到 WIMP 事件了。

當然，背景少、WIMP 事件很多時，能譜測量的方法是很不錯的。我們沒有必要知道哪個事件是 WIMP 事件，哪個是背

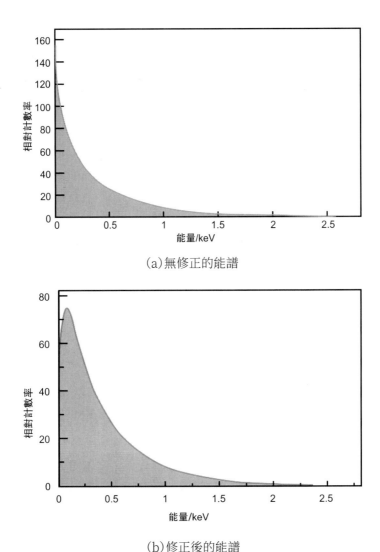

(a)無修正的能譜

(b)修正後的能譜

圖 2.3.5　Ge 反衝核能譜

景事件，這是能譜測量的優勢。但實際工作沒有這麼簡單，因為無論是背景事件還是 WIMP 事件都很少，而且隨機事件的統計漲落很大，如何在少事件的情況下從能譜中辨別有無觀察到 WIMP 事件，也是一個難題。

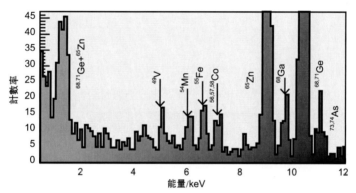

（圖中的箭頭分別代表各種放射性同位素（^{68,71}Ge,^{65}Zn,^{49}V,^{54}Mn,^{56,57,58}Co,
^{68}Ga,^{73,74}As）放射出的X射線峰的能量））

圖 2.3.6　高純鍺偵檢器測量到的典型能譜

　　另外，能譜測量方法依賴於理論模型，不同的模型有不同的能譜預期，就會得到不同的實驗結論。當然，我們可以檢驗不同理論，也不失為好辦法。

3・年調製效應檢驗法

　　上述兩種探測 WIMP 的方法，都需要將 WIMP 事件與背景事件區分，一個是透過單一事例特徵的不同，一個是透過事例能譜特徵的不同。不過也可以利用 WIMP 事件隨時間的週期變化，來檢驗 WIMP 是否存在。一年中，WIMP 事件隨時間

的週期變化叫「年調製效應」，這種透過「年調製效應」來解析 WIMP 的方法，不需要非常嚴格區分背景事例，或將背景事例完全扣除。

　　前面講過，我們地球在銀河系大致均勻分布的暗物質粒子「暈」中運動。太陽以每秒 220km 的速度繞銀河中心運動，地球又圍繞太陽運動。相對於太陽而言，暗物質粒子像「風」一樣吹來，如圖 2.3.7（a）所示。因為地球又圍繞太陽運動，地球相對暗物質粒子「暈」的運動，則是這兩個運動的複合運動。不難看出，十二月時兩運動的方向一致，其速度是兩速度之和；六月時兩運動方向相反，其速度是兩速度之差，即在一年中有一週期變化。如果相對速度加大，同樣密度的暗物質粒子與偵檢器介質碰撞的機率就提高，碰撞的能量也更大，探測到的事件多一點；相反，相對速度較小時探測到的事件率會較低。WIMP 與原子核發生碰撞的機率，在一年中有週期變化，這就是形成所謂「年調製效應」現象的緣由。如果我們能探測到這種「年調製效應」，也不失為探尋暗物質粒子的一種好辦法。

暗物質 失落的宇宙

介於「存在」與「不存在」之間，
一本書讀懂 21 世紀最重大的天文學難題

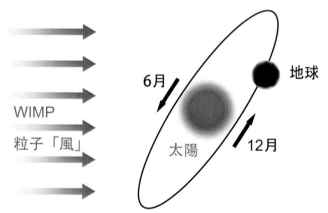

（a）地球在銀河系暗物質粒子「暈」中相對運動示意圖

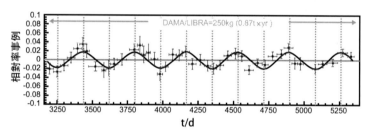

（b）實驗偵檢器觀察到的事件率與時間的關係

圖 2.3.7　地球在銀河系暗物質粒子「暈」中相對運動的觀察實驗

　　不過有一個前提，即普通粒子與偵檢器介質碰撞率不應隨季節變化，即背景事例不能有年調製現象。可惜的是，這種週期性的現象有很多，如宇宙線強度、溫度、濕度等都有可能隨季節變化。只有把這些隨季節變化的因素扣除乾淨才行。圖 2.3.7（b）所示為實驗偵檢器觀察到的事件率與時間的關係，可以看出，事件率隨時間有很明顯的週期變化。

　　另外，年調製效應也很微弱，不同季節的事例數的差別很小，只有百分之幾。發生碰撞的事件具有隨機特性的漲落，也會因為事例漲落為觀測這種效應帶來很大的困難。

4・日調製效應檢驗法

　　地球繞太陽的公轉造成了年調製效應，但在分析時，並沒有考慮地球本身的自轉。實際上，由於地球的自轉，相對於地球上某個探測器而言，暗物質粒子「風」來的方向也隨時間改變。如圖 2.3.8 所示，半夜零點的時候，WIMP 垂直入射進入探測器；下午十二點鐘的時候水平入射進入探測器。如果我們能夠知道暗物質入射的方向，就可以得到進入探測器的事例在一天中隨時間的變化，這叫「日調製效應」。而背景事件沒有方向性，不同時刻的事件率沒有變化。這樣，我們可以透過「日調製效應」獲知暗物質的存在。

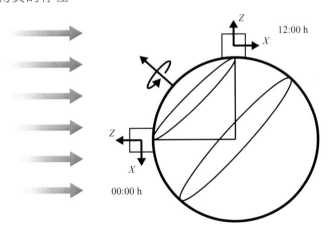

圖 2.3.8　地球自轉與暗物質粒子「風」

暗物質 失落的宇宙

介於「存在」與「不存在」之間，
一本書讀懂 21 世紀最重大的天文學難題

對探測技術的挑戰

暗物質與普通物質的作用極弱，事例率很低。但是，周圍環境的放射性物質放出的伽馬射線及各種帶電粒子（如 β 粒子、α 粒子等），還有很高能量的宇宙線粒子（如質子，μ 粒子等）。這些普通物質粒子和探測器介質的交互作用是電磁作用或強力，其反應截面比弱交互作用高 10~20 個數量級，使探測器有極大的背景，其背景事例率比暗物質事件要高幾十個數量級。「在萬億倍的背景事例中找出暗物質的作用事例」成為主要難題之一。一方面要盡力減少這些背景，另一方面要有很高的技巧解析這些背景事例，對直接探測實驗提出了極大的挑戰。

另一個問題是，如何探測到反衝能量很小的事例。這要求探測器對如此小能量的事例具有很高的靈敏度。然而能量越小背景事例也越多，這又要求探測器對小能量背景事例有很高的甄別技巧。

在碰撞機率很小、WIMP 的密度又不很清楚的情況下，只有靠增加介質中原子核的數量，獲得較多的暗物質事例。這就要求探測器介質盡可能大。設計出建造體積很大、能量測量下限又很低的探測器，是極其困難的課題，而且體積越大背景越多，越難獲得低能量的探測靈敏度，這又是一個挑戰。

歸納起來，對探測技術的要求包括：

(1) WIMP 進入探測器與其原子核碰撞，就像 WIMP 打靶，
     將探測器中的原子核「敲打」出來。由於被「敲打」出來核

（物理上稱為反衝核）的能量很小，不可能從探測器介質中飛出，這就要求在探測器內就能立刻探測到這個反衝核。可見，探測器既是 WIMP 的靶子，又必須能靈敏感知反衝核的出現。

(2)　由於發生作用的機率極小，作為靶子的探測器介質必須很大，應該是含有很多原子核的探測器。探測器的規模很大，達到了噸量級。

(3)　反衝核的能量很小，要求探測器必須有很低的探測能量的下限，即探測閾很低，目前最低的探測閾達到 100eV 或幾十 eV。

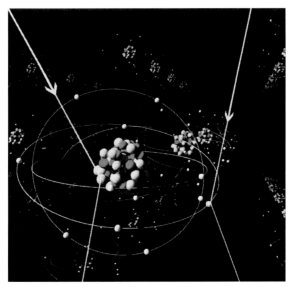

圖 2.3.9　電子反衝的背景事例核和反衝事例

(4)　放射性物質無處不在（如鈾、釷、鉀、銫等放射性物質），

這些物質釋放的射線、中子、電子等都是輻射背景事例的來源。因此，探測器自身不能含有輻射背景的雜質，即無自身的輻射背景。如果有無法克服的自身輻射背景，最好具有解析背景事例的能力。大多背景事例是探測器介質中被打出的電子（稱為電子反衝事例），而 WIMP 是將原子核打擊出來（稱為核反衝事例），如圖 2.3.9 所示。不過，中子背景與 WIMP 事例一樣，也是核反衝事例，這種背景幾乎無法與暗物質粒子事例區分，唯一的辦法是將中子阻擋在探測器之外。

(5) 宇宙線帶來的干擾。從太空到達地面的宇宙線如圖 2.3.10 所示。從宇宙空間來的原初宇宙線能量很高（大部分是質子等），到達地球大氣層後，由於和大氣中的元素發生作用，產生大量的次級粒子（如 π 粒子和 μ 粒子等），這些次級粒子有很強的穿透力，穿過大氣到達地球表面，甚至穿透很深的地面。這些宇宙線和地球表面的物質交互作用，會產生更多的放射性物質或次級粒子（如伽馬、中子等）。宇宙線本身以及它的次級粒子成為嚴重的背景事例。宇宙線通量很高，每秒每平方公分就有一個宇宙線粒子到達地表，那麼每天每平方公尺就有近 9×10^4 個宇宙線粒子，要人工將這些宇宙線阻擋在探測器外，幾乎是不可能的事情；只有幾百公尺或上千公尺的厚岩石，或者幾千公尺深的水，才有可能將大部分宇宙線擋住。

另外，宇宙線會將探測器中的介質或周圍的封鎖體「活

化」，將本來穩定的物質轉變為放射性物質（通常叫做「宇生」放射性）。例如，高純鍺偵檢器在海平面上被宇宙線活化，生成 Ge-68。Ge-68 可以放出 9.22、9.25、10.3keV 的 X 射線，其半衰期 271 天；又如，宇宙線中的中子可以在探測器內透過核分裂反應生成氚，氚的 β 衰變壽命很長（12.7 年）。由宇宙線形成的「內照射」背景事件，是地面上無法避免的背景。

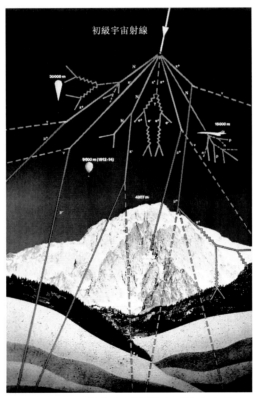

圖 2.3.10　從太空到達地表面的宇宙線

　　為了避免宇宙線本身和它的次生背景，以及「宇生」背景，直接探測需要在很深的地下或水下進行。為避免探測器周圍放射性的影響，還需要將探測器安排在能夠阻擋中子、γ 射線的封鎖體內。

2.4

暗物質粒子 WIMP 的間接探測

暗物質粒子的湮滅

我們知道，普通的正反粒子相撞就會湮滅，湮滅後原來的正反粒子消失，其所有的能量立即轉換為其他粒子，如生成一對伽馬射線、一對正負電子、一對正反微中子或一對正反夸克等。例如，正負電子對撞機就是利用正負電子碰撞並產生湮滅，湮滅後產生了正反魅夸克，就能仔細研究這些魅夸克所構成的魅粒子。

可以大膽推測：暗物質世界也可能像普通的正反粒子一樣，正反暗物質粒子碰撞也會湮滅，湮滅後產生一對正負電子、一對正反微中子或一對正反夸克等。假如我們能探測到暗物質湮

滅後所產生的這些普通粒子，也不失為一條很好的途徑。

透過觀測 WIMP 粒子之間交互作用後產生的普通粒子，來探測 WIMP，稱為暗物質的間接探測。這一類探測方案是基於以下大膽假設：假設暗物質粒子之間有交互作用，正反 WIMP 粒子之間會發生湮滅，並產生普通粒子。用下式表示我們所假設的交互作用過程，正反 WIMP 粒子湮滅後產生普通的一對電子、一對伽馬射線 γ，甚至正反微中子、正反質子等：

$$\chi + \chi' \rightarrow e^+ + e^-$$
$$\rightarrow \gamma + \gamma$$
$$\rightarrow \nu + \bar{\nu}$$
$$\rightarrow p + \bar{p}$$
$$\vdots$$

透過探測 WIMP 湮滅後的產物（電子或伽馬等），來探測暗物質粒子。圖 2.4.1 是暗物質粒子湮滅後產生普通粒子的過程，圖中的暗物質粒子假設是純量微中子（超對稱的微中子）。首先，純量微中子與其反粒子湮滅，產生最基本的夸克、玻色子或輕子，而後透過衰變、輻射或等過程產生電子、質子、微中子等。

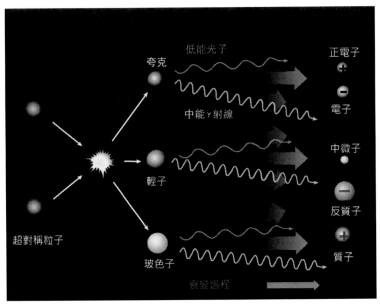

圖 2.4.1　正反 WIMP 粒子湮滅後產生次級粒子的過程

　　遙遠的星空可能有密度較大的暗物質粒子，它們在運動中相互碰撞湮滅，產生伽馬、微中子等普通粒子的機會比較高。圖 2.4.2 所示為在銀河系中心處，暗物質粒子密集的地方產生普通粒子的示意圖，如果將探測器送上太空，將會有利於探測。太空中不僅提高了探測的機會，還可避免大氣對探測的干擾（尤其容易被測量到的帶電粒子）。

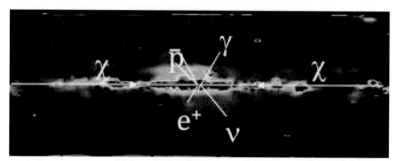

圖 2.4.2　在銀河系中心處暗物質粒子密集的地方產生普通粒子

WIMP 粒子湮滅，會將 WIMP 的質量完全轉換為湮滅產物的質量和動能。獲得較大動量的長壽命產物，既可以在宇宙太空中，也可能到達地球。為避免這些粒子在到達地球前和大氣中的原子作用，而被多次散射或丟失，人們考慮將探測器送到大氣層上，甚至到太空探測。

當然，有些湮滅產生的粒子不帶電（如伽馬射線、微中子等），當能量很高時可以直接穿過大氣層到達地球。對於這些粒子也可以在地面上探測，還可以透過探測伽馬或微中子的方向，來估計暗物質的來源。很明顯，探測到的機率很小，需要規模更大的探測器或探測器陣列，才有機會捕捉到很少的事例。

對間接探測技術的要求

雖然我們面對的是對普通粒子（如電子 e、質子 p、伽馬 γ）的探測，而且已經掌握很多探測普通粒子的手段，但間接測量對實驗技術也是很大的挑戰。

　　正反 WIMP 粒子湮滅與 WIMP 密度有關，對一定的湮滅機率、其湮滅的事例率和 WIMP 密度，呈現平方關係，所以探測器最好安排在 WIMP 密度大的地方。按照目前天文和宇宙觀察分析得出的暗物質分布，WIMP 密度在靠近銀河系中心的地方比較大。為此，不少科學家將探測器安裝在能夠升空的氣球上（見圖 2.4.3），用大型氣球將 ATIC 探測器升到高空探測暗物質；或者安裝在太空飛行器上（如圖 2.4.4 所示為太空船上的 AMS 探測器），在太空中探測暗物質。

圖 2.4.3　大型氣球將 ATIC 探測器升到高空探測

湮滅產生的普通粒子能量，和 WIMP 的質量有關。依據質

能關係，如果 WIMP 的質量是 100GeV，湮滅後兩粒子的能量一樣，都應該是 100GeV，可見所測量的粒子具有很高的能量。探測如此高能量的粒子，需要各種龐大的探測器。

此外，探測器的類型與被探測的粒子種類有關，如果探測的粒子是 WIMP 粒子湮滅後的高能電子或伽馬，那麼需要將十分笨重的探測器安排在 WIMP 密度大的空間，甚至是高空，其難度可想而知；如果是測量帶電粒子，還要區分是什麼粒子，必須將能夠測量動量、又能區別粒子的複雜能譜儀送到太空，同樣十分困難。

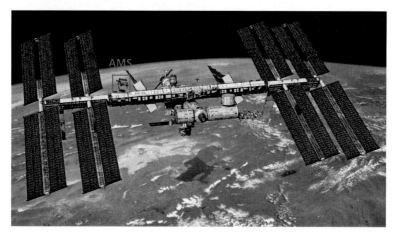

圖 2.4.4　安裝在太空飛行器上的探測器 AMS 譜儀

如果在地面上探測 WIMP 粒子湮滅的粒子，那只能是能量很高的伽馬射線或微中子，因為其他低能粒子很難穿過大氣層。雖然可以將探測器安排在地面上，探測能量高的微中子或

伽馬也是一個難題。高能伽馬會在大氣層產生次級的電子或伽馬射線，而次級的電子或伽馬射線仍然有很高的能量，還會在大氣中再次產生次級電子或伽馬射線，這樣在大氣中形成「空氣簇射（Air shower）」。「空氣簇射」中有大量次級的電子和伽馬射線，這就需要很大規模的探測器或探測器陣列。高能微中子是無法被直接探測的粒子，需要有龐大的轉化體，將微中子轉換成可探測的帶電粒子。

　　總之，對間接探測技術的要求可歸納為以下幾點：

(1)　WIMP 的直接探測，最終轉變為對反衝核的探測。一般來講，為躲避宇宙線的干擾，直接探測都在盡量深的地下進行。間接探測則完全不同，它是探測 WIMP 粒子湮滅後的次級粒子，為盡量接近 WIMP 密度大、容易產生的次級粒子的地方，以及為減少大氣干擾，間接探測一般都在高空進行。

(2)　如果 WIMP 粒子湮滅後產生的次級粒子是伽馬射線或微中子，雖然可以在地面或水下測量，但由於到達地面的機率很小，所測量的伽馬或微中子能量非常高，這就需要更加龐大的探測器或探測器陣列。

(3)　不論是探測反衝核，還是探測 WIMP 粒子湮滅後的次級產物，雖然都是普通的帶電粒子或電中性粒子，所採用的探測技術也都是核物理和粒子物理實驗中的常用技術，但它們都是在對 WIMP 性質並不了解的前提下，所進行的非常稀有事例測量，實驗難度極大，是極富挑戰性的課題。

(4) 一般的**實驗**會盡可能在沒有背景的環境下，先研究背景的特性，得到探測器對背景的**響應**，在對背景清楚了解後再測量訊號。可是 WIMP 瀰漫在整個空間，可以說是無處不在，而各種**輻**射背景也無處不在，實驗探測者找不到一個「乾淨」、沒有暗物質粒子的地方，來了解探測器的背景；同時，也沒有「無背景」的暗物質粒子，能讓我們實際了解探測器對暗物質粒子的**響應**，這為實驗探測帶來了難以想像的難度和困惑。

人工產生暗物質粒子

　　無論是間接探尋還是直接探尋，都是尋找宇宙中存在的 WIMP。一旦探測到，不僅能了解 WIMP 的性質，而且直接證明了宇宙中確實存在 WIMP。但是，無論將探測器安排在太空還是地球上，也僅僅是有限的幾個區域，無法實現全方位或全領域探尋。在不清楚 WIMP 在宇宙中確切分布和數量多寡的情況下，這種「守株待兔」的方式，也很難更詳細、系統研究 WIMP 的性質。

　　如果能人為產生暗物質粒子，能大大方便我們的探測和研究。我們目前已經知道的上百種粒子裡，很多粒子的壽命極短，只有億萬分之一秒，真是稍瞬即逝，幾乎不能在宇宙中找到並研究它們。故人們建造了加速器，加速電子或質子，讓

暗物質 失落的宇宙

介於「存在」與「不存在」之間，
一本書讀懂 21 世紀最重大的天文學難題

它們獲得一定的能量，並在它們相互碰撞的時候將這些能量轉換為質量，人為製造了很多短命粒子。例如正負電子對撞機（Electron Positron Collider, EPC）就產生了上億個被稱為魅粒子的 J/ψ 粒子，它的壽命極短，在宇宙中或自然界是無法找到。其原理就是將正電子和負電子加速，當它們的能量等於或超過魅粒子（J/ψ）的質量時，就會產生魅粒子（J/ψ）粒子。

可用簡單的式子來描述這一過程：$e^+ + e^- \rightarrow J/\psi$。依據質能轉換公式 $E=mc^2$（這裡的 E 為能量，m 是質量，c 是光速），只要正電子和負電子能量足夠就應該沒問題（當然還有一些其他守恆定律的限制）。同樣，EPC 也人工製造了大量宇宙線中存在的 μ 粒子：$e^+ + e^- \rightarrow \mu^+ + \mu^-$，其正負電子的能量等於或大於正負 μ 粒子總能量（這裡的總能量是指質量加上動能）。圖 2.5.1（a）所示為 EPC 的高空照片，由 100 多公尺長的直線加速器、和周長 324m 的環形加速環組成。直線加速器可以根據需要，將正負電子加速到 1~2GeV 的能量，然後將正負電子儲存在加速環內。正負電子在真空管中以相反的方向飛行，將正負電子的流強累積到所需要的強度，並使正負電子對撞，就可以產生物理研究需求的粒子。圖 2.5.1（b）所示為 EPC 加速和儲存正負電子的原理示意圖，圖中藍色箭頭代表負電子在直線加速器和加速環內的路徑，紅色箭頭代表正電子的路徑。

像前面所講的人工產生 J/ψ 粒子一樣，可以大膽想像：如果加速的電子或質子的能量足夠，應該能產生一對暗物質粒子

WIMPχ：如 e$^-$+e$^+$ → χ+χ'；P+ $\overline{\text{P}}$ → χ + χ'，然後設法探測所產生的暗物質粒子 χ。

圖 2.5.2（a）為目前世界上能量最高的對撞機——歐洲的大型強子對撞機（LHC）加速器的照片。其能量目前是 7TeV，以後會提高到 14TeV（1TeV=1000GeV），其能量足以產生 GeV 量級的 WIMP。

（a）EPC的俯瞰照片

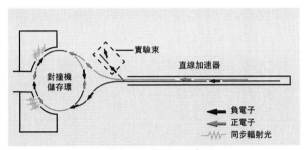

（b）EPC的原理示意圖

圖 2.5.1　正負電子對撞機（EPC）

整個對撞機的周長有 27km，跨越瑞士和法國兩個國家的邊界。質子從直線加速器引出後，透過三個步驟加速：質子同步加速器（proton synchrotron, PS），超級質子同步加速器（super proton synchrotron, SPS）和大型強子對撞機（large hadron collider, LHC），最後在 LHC 加速環中再加速對撞（見圖 2.5.2 (b)）。加速環中有四個對撞點，每個對撞點上安排一個探測器

(a) LHC加速器照片

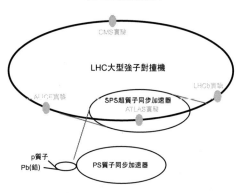

(b) LHC加速粒子三步驟示意圖

圖 2.5.2 歐洲大型強子對撞機

譜儀，負責探測對撞後產生的粒子（圖中四個探測器的名稱為 ATLAS、CMS、LHCb、ALICE）。

　　不過，目前人們還不知道產生 WIMP 的機制，也不清楚產生機率的大小，整個理論只是大膽猜測。WIMP 與普通粒子的作用應該極其微弱，即使產生出 WIMP，在加速器周圍的探測器也很難捕捉，WIMP 會輕而易舉「穿過」探測器逃逸出去。另外，強子對撞中會產生大量的普通粒子及伽馬射線等，所以採用上面講的在空中或地下，透過直接或間接測量的方式在對撞機上尋找 WIMP，幾乎不可能。

　　對撞產生 WIMP 的優勢之一，是我們知道對撞前正負質子或電子的能量和動量，可以依據對撞前後能量和動量守恆的關係，尋找丟失的粒子，將所產生的粒子全部記錄下來，並且精確測量到它們的能量、動量。如果這些粒子整體動量和能量與對撞前不一樣，就表明有能量或動量「丟失」，就很可能是沒有探測到的「丟失」粒子，將能量或動量帶走。

　　這個沒有探測到的「丟失」粒子，會不會是很難捕捉到的 WIMP 呢？利用對「丟失」粒子的測量來探尋 WIMP 的前提，是不能有任何其他普通粒子穿出探測器將能量或動量帶走。可惜的是，對撞中會產生微中子，而微中子也很容易丟失粒子。會不會將微中子誤認為是暗物質粒子呢？也的確是一個極難解決的難題。當然，人們並沒有因此而失去在對撞機上尋找 WIMP 的信心，而是不斷探索新途徑，在摸索中前行。

小結

透過重力效應，已經知道暗物質的存在，探祕暗物質不再是回答有無的問題，而是要知道：暗物質粒子與普通物質粒子之間除引力之外，是否還有其他作用？如果有作用，其作用強度有多大？其質量有多少？探尋最可能的暗物質粒子——大質量弱相互作用粒子（WIMP），是目前最受關注的課題。

實驗探測暗物質粒子 WIMP 的方案有兩種：一種是探測宇宙中 WIMP，直接回答宇宙中是否存在有暗物質粒子？最方便的是在地球上尋找 WIMP，當然，也可以到空中或太空尋找；另一種是設法人工主動產生 WIMP。

在地球上或太空中探尋 WIMP 的探測方案中，有兩種不同的測量方法：直接探測和間接探測。前者是看看 WIMP 與普通的原子核有沒有彈性或非彈性散射，後者透過探測正反 WIMP 粒子湮滅所產生的普通粒子，來探尋暗物質粒子。對撞機產生 WIMP 粒子的方案中，目前只有透過能動量守恆的方法測量WIMP。

不論哪種探尋暗物質粒子 WIMP 的方案，都是假設存在不同的交互作用，而且都不是已知的物理過程。所以，探測暗物質也是尋找我們尚未知曉的新物理。

暗物質粒子與普通的原子核間碰撞機率極小，為迴避宇宙線的干擾，直接探測暗物質粒子的實驗必須在很深的地下進行。實驗的方法各異，其中心思想是在大幅度減少各種背景事件的

前提下，依據暗物質粒子與普通原子核碰撞事件的特徵（如在能量分布、時間分布方面的特點），將暗物質事件從大量背景中挑選出來。

　　為避免大氣層的干擾，間接探尋最好到高空或太空尋找。

暗物質 失落的宇宙

介於「存在」與「不存在」之間，
一本書讀懂 21 世紀最重大的天文學難題

第 3 章
探測行動前仆後繼

暗物質 失落的宇宙

介於「存在」與「不存在」之間，
一本書讀懂 21 世紀最重大的天文學難題

　　從一九三○年代開始，雖然人們透過觀察天文現象以及各種重力效應，感知到有大量看不見的物質，並且大膽構想出暗物質的概念，但人們不會僅僅滿足於抽象的感知。如果我們在黑暗的屋子中什麼也看不到，卻觸摸到有東西存在，一定會想打開電燈看看到底是什麼。正像前面所講，發現微中子和海王星的故事，僅僅由能量不守恆推斷有新粒子存在、或者由已知星球不尋常的軌跡推斷有未知行星的存在，是完全不夠的。微中子是透過探測到它和其他已知粒子之間交互作用的事例而被證實，儘管作用機率很小，交互作用很弱，但這種弱力確實存在；而海王星則是在觀察到它發出的微弱光線（即電磁交互作用）後才得到證實。所以，除透過引力感知之外，人們一直希望能夠直接或間接「看到」暗物質。

　　暗物質的存在已經被承認，暗物質與普通物質間有引力作用也無須多言。而所謂要「看」到或能「探測」到暗物質，實質上是想知道暗物質與普通物質之間，除引力外是否還有其他作用。如果有其他作用的話，那是什麼作用？作用的性質如何？與我們已知的交互作用一樣嗎……總之，我們非常希望透過其他作用了解它們的存在，而不僅僅是引力作用。

　　前面已經講過，我們已經知道自然界中有四種交互作用：除引力外，還有電磁作用、強力和弱力。暗物質與普通物質之間存在電磁作用是不可能了，因為我們用任何波段的電磁波都探測不到它。強力是指原子核內將質子和中子束縛在一起一種很

強的力，是限制在原子核範圍內的短程力，不可能表現在距離遙遠的星際間。但是我們還不能排除弱力的可能，當然也可能是存在我們還未知的弱力。總之，探測暗物質粒子與普通粒子之間是否有某種弱力，或者說尋找暗物質粒子與普通粒子之間某種交互作用的事件，成為我們探測暗物質的最基本課題。

　　一九六〇、一九七〇年代起，人們就走上探測暗物質粒子的漫長歷程，採用了各種手段，直接、間接、天上、地下、山上、海裡⋯⋯直到今天仍在孜孜不倦探索。時而有激動人心的好消息，看到了為數不多的暗物質粒子事件或現象；時而又被其他實驗否定⋯⋯但人們從未停止努力。依據三類不同的探測方略，本章重點介紹幾種典型的直接探測、間接探測和人工產生暗物質探測實驗。

尋找碰撞的直接探測

直接探測暗物質的手段

　　直接探測的本質，是尋找暗物質粒子與原子核的碰撞。在 2.3 節中提到，運動的 WIMP 進入探測器內部與探測器介質中原子核發生交互作用，即通常我們講的相互碰撞（包括彈性碰撞或非彈性碰撞）。彈性碰撞中 WIMP 將一部分能量傳遞給介質的原子核，得到能量的原子核脫離分子或原子的束縛而離開了原來的位置，通常稱這個原子核為「反衝核」。因為反衝核周圍沒有電子，所以反衝核是帶電的「裸核」。我們無法知道暗物質粒子 WIMP 的入射，也不知道散射後 WIMP 的去向，但是我們可以透過探測反衝核來知道碰撞的發生。由此可見，尋找碰

撞的直接探測最後歸結為對反衝核的探測。怎樣才能探測到被 WIMP 反衝出來的反衝核呢？

從 WIMP 那裡獲得一定能量並且帶電的反衝核，在探測器介質中運動，可能會發生以下幾種物理現象：

(1)　熱振動。運動的反衝核會將一部分機械能轉遞給附近的原子或分子，使這些分子或原子振動。附加的振動使介質的溫度升高，稱為熱振動。振動就應該有聲音，物理學上用虛擬的「聲」來描述這種振動，即振動會產生「聲子」。

(2)　游離。帶電的反衝核會將部分能量轉遞給反衝核路徑周圍的電子，得到足夠能量的電子會離開原來的原子束縛，成為自由的電子，丟掉電子的原子變成正離子，這種過程在物理學中稱為「游離」。游離意味著反衝核會產生帶正電荷的粒子和負電荷的粒子，簡言之，反衝核透過「游離」產生「電荷」。

(3)　螢光。帶電的反衝核有可能把一部分能量轉遞給周圍的介質（原子或分子），並將原子或分子激發。當這些原子或分子退激發時會發射出可見光波段的光，或者說是發射出可見光波段的「光子」。這意味著反衝核會產生可見光，通常叫這種光為「螢光（fluorescence）」或「閃爍光」。

很顯然，這三種現象的結果，可以將無法看到的微觀粒子之間的作用，轉換為可觀察到的「熱振動」、「電荷」或「可見光」。借助觀察這幾種物理現象，獲得反衝核的資訊，成為我們觀察暗物質粒子的重要手段。也可以說，透過觀察這些物理現

象，直接探測 WIMP 與原子核碰撞。當然，三種可能現象的發生與探測器介質的種類有關，有的介質只有一種現象很顯著，有的介質則可以同時發生兩種或三種現象。原則上來說，透過收集「電荷」、「聲子」、「光子」中任何一種，都可以達到探測反衝核的目的。為便於規避和辨別背景事例，也可以同時收集其中兩種，如同時接收「電荷」和「聲子」，或同時收集「電荷」和「光子」等。

反衝核的這三種物理現象（或物理機制），成為設計直接探測暗物質粒子實驗的基礎。採用不同的物理現象，也就出現了不同類型的直接探測實驗。圖 3.1.1 所示為三種現象（游離、螢光和熱振動）的示意圖以及基於不同現象進行直接探測的實驗名稱。圖中藍色表示游離，藍色箭頭所指的實驗是只測游離的實驗，如 CDEX、CoGeNT 實驗；圖中綠色表示閃爍光（螢光），其綠色箭頭所指的實驗是只測螢光的實驗，如 DAMA、RIMS 等；圖中紅色表示熱振動，紅色箭頭所指的實驗是只測熱振動的實驗，如 COUPP、Picasso。有兩種不同顏色箭頭所指的實驗表示同時測量兩種量的實驗，如 SCDMS（Super CDMS）、EDELWEISS 等同時測量電荷和熱振動；XENON、PandaX 等同時測量電荷和螢光；CRESST-II、ROSEBUD 既測量螢光又測量熱振動。

為能實驗觀察到這些現象的稀有事例，必須剔除或識別大量背景事例。如何在大量背景事例中辨別暗物質粒子事件成為關

鍵課題。所以，探測實驗的設計必須在考慮高效探測的同時，還需要有優良的辨別暗物質粒子事件的能力。

　　前面已經講過三種辨別暗物質粒子事件的方法：一是透過 WIMP 與原子核作用的單一事件，求證暗物質的存在，這種方法必須有優良的辨別背景事例能力，如 CDMS、XENON 等實驗；二是依據 WIMP 反衝核的能譜與背景能譜的差別，透過反衝核的能譜測量，辨別 WIMP 事例，如 CDEX 等實驗；三是透過前面講的年調製效應或日調製效應，發現 WIMP 與原子核的作用事件，如 DAMMA、KIMs 實驗。

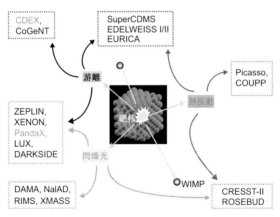

圖 3.1.1　反衝核的三種方現框象中和列基出於了不各同實現象驗的直名接稱探測的實驗探測器名稱

　　由此可見，直接探測暗物質粒子 WIMP 分兩個步驟：首先我們借助探測「電子」（電荷）、「聲子」（熱振動）或「光子」（可見光）來探知反衝核；然後再由反衝核的資訊，探測暗物質粒子

WIMP。以上物理現象都是我們熟知的物理過程，「電荷」、「熱」及「可見光」又都是宏觀物理量，很容易測量。

但是，反衝核從 WIMP 那裡得到的能量很小，由它產生的「電荷」、「可見光」、「聲子」的數量都極少，相應的「電壓幅度」和「溫度」變化也極低，如只有升高熱力學溫標的千分之幾度（mK），電壓幅度變化在毫伏量級（mV），為探測帶來極大的挑戰。

另外，各種環境輻射（如 γ 射線、中子等）及宇宙線，與原子核外面的電子或原子核發生作用，同樣會產生大量「電荷」、「聲子」（溫度）或「光子」等。圖 3.1.2 是 WIMP 及中子與核的作用，及其背景 γ 射線與原子外層電子作用的示意圖。γ 射線將電子反衝出來造成的背景是電子反衝事例，中子背景和 WIMP 一樣是核反衝事例。一方面，背景 γ 射線強度遠大於 WIMP；另一方面，它與介質原子的作用是電磁作用，其作用強度比弱力要高十幾個量級（作用機率高十幾個量級）。意味著即使強度一樣，其背景事例要比 WIMP 事例要高十幾個量級。如果不採取措施，在高幾十個量級的背景事例中尋找 WIPM，比大海撈針還難。所以，盡可能規避和辨別這些 γ 背景極其重要，也是探測暗物質粒子的關鍵。

另外，中子背景與 WIMP 事件都是核反衝，無法區分。而中子與核的作用是強交互作用，作用機率極高，減少、甚至完全阻擋中子進入探測器更是必需。

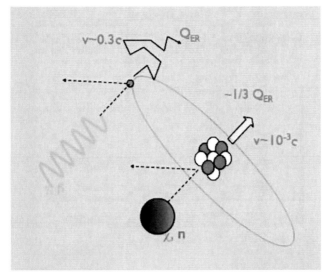

圖 3.1.2　γ 射線與電子作用，WIMP 及中子與核作用

需要在很深的地下進行

　　宇宙線的粒子能量很高，有很強的穿透力。而且宇宙線無處不在，它會在探測器上及探測器周圍產生次級粒子或輻射等。宇宙線將探測器介質及其周圍物質轉變成放射性物質（物理上稱為「活化」），這些被活化的放射性物質不斷輻射出伽馬射線或其他粒子（如 α 粒子、β 電子等）。這些次級粒子或伽馬輻射會不定時進入探測器，並嚴重干擾探測暗物質。所以，直接探測暗物質的實驗，一般都在較深的地下進行，這樣可以避免宇宙線背景和由它產生的次級粒子或輻射背景。當然，實驗室越

暗物質 失落的宇宙

介於「存在」與「不存在」之間，
一本書讀懂 21 世紀最重大的天文學難題

深，宇宙線的通量越少。圖 3.1.3 是地下不同深度的宇宙線通量和相應的實驗室名稱。在 2 公里的岩石（相當於水深 6 公里）下，宇宙線通量比地表面減少近 5 個量級。

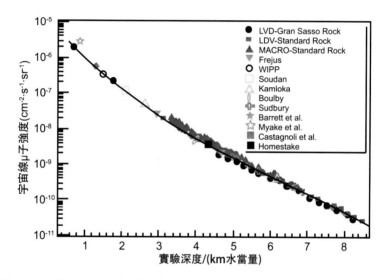

圖 3.1.3　地下不同深度（以公里為單位）的宇宙線 μ 子的強度（以平方公分秒立體角為單位）

　　暗物質直接探測實驗，對實驗室的要求歸納起來有以下幾點：

（1）　有足夠的深度和夠大的空間，一般深度要超過 500m，宇宙線的通量隨深度的增加而迅速減少。

（2）　地下實驗室周圍岩石的輻射水準要低，即周圍的放射線背景要低。

（3）　氡氣是放射性氣體，實驗室內空氣中氡的含量要低。

(4)　地下能滿足普通實驗室所需要的水、電、氣、暖、通訊等方面的要求。

(5)　地下實驗室附近有好的交通、居住、飲食等生活條件，便於研究人員的生活和工作。

這裡必須指出，雖然為了減少宇宙線，而將探測暗物質的實驗安排在很深的地下，但這不會影響探尋暗物質粒子 WIMP，因為 WIMP 比宇宙線有更強的穿透能力，不會受到任何影響。

國際上研究暗物質的地下實驗室有十多間，空間大小差別很大（從幾百立方公尺到十幾萬立方公尺），岩石覆蓋的厚度大不相同（從幾百公尺深到兩千多公尺深）。不少實驗室除暗物質研究外，還有微中子、雙 β 衰變等稀有事例的低背景基礎物理實驗研究、地球科學、巖土力學、生物實驗等科學研究。此外，地下實驗室也是很好的低放射性背景測量環境。

國際上有名的地下實驗室，有義大利的巨石實驗室（Gran Sasso）、英國的伯比實驗室（Boulby）、法國的摩丹實驗室（Modane）、美國的深層地底科學與工程實驗室（Deep Underground Science and Engineering Laboratory, DUSEL）和蘇丹實驗室（Soudan）、西班牙的坎弗蘭克實驗室（Canfranc）、加拿大的薩德伯里微中子觀測站（Sudbury Neutrino Observatory, SNO）、日本的神崗實驗室（Kamioka）和韓國的襄陽實驗室（Yangyang），以及中國的錦屏地下實驗室（CJPL）等。圖 3.1.4 列出了分布在世界各地的這些實驗室名稱，和實驗室中的暗物質實驗。表 3.1.1 列出了國際上主要暗物質探索研究的地下實驗室所在國家，和岩石覆蓋厚度，可分為隧道型和豎井型兩種。

暗物質 失落的宇宙

介於「存在」與「不存在」之間，
一本書讀懂 21 世紀最重大的天文學難題

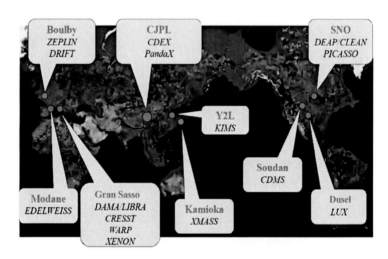

圖 3.1.4　暗物質地下實驗室及其實驗

表 3.1.1　國際上主要暗物質探索研究的地下實驗室

實驗室名稱	國家	岩石覆蓋厚度/km	環境條件
蘇丹（Soudan）	美國	0.6	礦井
襄陽（Y2L）	韓國	0.7	隧道
神崗（Kamioka）	日本	1.0	礦井
伯比（Boulby）	英國	1.1	礦井
巨石實驗室（Gran Sasso）	義大利	1.4	隧道
深層地底科學與工程實驗室（Dusel）一期、二期	美國	1.5 2.3	礦井
摩丹（Modane）	法國	1.7	隧道
薩德伯里微中子觀測站（SNO）	加拿大	2.0	礦井
中國錦屏地下實驗室（CJPL）	中國	2.4	隧道

圖 3.1.5 為摩丹地下實驗室內部照片。實驗室位於法國東部

里昂，在法國和義大利接壤的阿爾卑斯山的交通隧道內。隧道的一邊是法國，另一邊通向義大利，全長 13km。從法國一端開車，十五分鐘可到達隧道內的實驗室。實驗室埋深 1700m，總容積 3500m^3，面積 400m2，宇宙線通量為 $4×10^{-5}\mu\cdot m^{-2}\cdot s^{-1}$。經過過濾的新鮮空氣經兩個豎井通風管道送進地下實驗室，也降低了放射性氡氣的濃度，減少了氡為實驗帶來的輻射背景。

圖 3.1.5　法國摩丹地下實驗室內部照片

　　實驗室中氡的濃度為 15~20Bq/m^3（每立方公尺中，氡的放射性衰變 15~20 次／秒）；中子背景也不高，快中子（fast neutron）的通量為 $4×10^{-2}m^{-2}\cdot s^{-1}$，熱中子（thermal neutron）的通量為 $1.6×10^{-22}m^{-2}\cdot s^{-1}$。地下實驗室外有地上洞口實驗室、辦公室、車庫、客房等。目前開展的實驗有暗物質和雙 β 衰變研究

暗物質 失落的宇宙

介於「存在」與「不存在」之間，
一本書讀懂 21 世紀最重大的天文學難題

等。該實驗室是一九八〇年為質子衰變實驗而建造，一九九八年開始暗物質實驗。為適應科學研究的需求，計劃擴大實驗室空間至 $60000m^3$。

圖 3.1.6 所示為義大利的巨石地下實驗室布局的示意圖，實驗室隸屬義大利國家核子物理研究所，距羅馬 120km。該實驗室建在地下 1400m 的隧道中，是全球最大的地下基礎物理實驗室。除輔助廳外有三個主要實驗大廳，每個主廳的尺寸為 $100m \times 20m \times 18m$。整個實驗室總面積達 $17300m^2$，總容積達 $180000m^3$，聚集了來自二十九個國家的粒子物理實驗、粒子天體物理與核天體物理領域的九百多名科學家。目前，探測暗物質和探測微中子等十五個實驗正在進行，如暗物質實驗 DAMA、XENON100、WARP，微中子實驗 BOREXINO、LVD，以及測量微中子質量的雙 β 衰變實驗 CUORE、GERDA、Cobra 等。圖 3.1.7 為巨石地下實驗室內一個實驗大廳的局部照片。

圖 3.1.6　義大利巨石地下實驗室布局的示意圖

圖 3.1.7　義大利巨石地下實驗室內一個實驗大廳的局部照片

必須進行極其嚴密的輻射防護

雖然很深的地下可以有效減少、消除宇宙線及其所產生的次級背景的影響，但是地下的岩石、泥土中的放射性物質仍然和地表一樣多。

地球上的放射性元素無處不在（如鈾、釷、鉀等），它們的壽命很長，幾乎與地球年齡差不多，至今這些元素還在不斷放射出大量的 α、β、γ 等射線，甚至釋放出中子。這些中子或射線等進入探測器都有可能被誤認為是 WIMP，成為干擾暗物質粒子探測的大量背景事例。地下防護很好的實驗室內，1kg 探測器的背景事例率是 1~10/s，而暗物質的事例率只有 0.01~0.1/d，背景要高好幾個量級。必須對暗物質探測設備做特別的輻射防

護，設法將這些射線、中子等徹底阻擋在探測器外面。

一些元素放射出的帶電粒子（如 β、α 等帶電粒子）都不是大問題，很容易被阻擋，只要薄薄一層金屬或塑膠就可以；但是，阻擋較高能量的 γ 射線和中子就沒那麼容易了。γ 射線可被厚厚的高原子序材料阻擋，而阻擋 γ 射線最有效的材料，是重金屬高原子序材料，如鉛、鎢等。

阻擋中子需要分兩步：第一步必須先讓中子慢下來，所用的材料是原子序數低的輕材料，如通常用的聚乙烯、石蠟、水等；第二步是將減慢的中子「吸收」掉，能「吸收」掉中子的材料很多，如硼、鎘等。不過，雖然將中子吸收了，但又會產生出次級的 γ 射線，還必須再用高原子序的重材料將這部分 γ 射線阻擋在外。

當然，用來阻擋輻射的材料，本身不能再有伽馬或中子等放射性，應該是很純、幾乎沒有任何放射性背景的材料，如高純無氧銅等。但高純無氧銅十分昂貴，只能應用在最關鍵的地方。

由此可見，必須採用多層、不同用途的材料，按照一定厚度、一定次序包圍在探測器外，構成一個從裡到外、阻擋外來輻射背景的「堡壘」，我們通常稱這個「堡壘」為封鎖體系統。很顯然，越是靠近探測器的封鎖體，純度應該越高，因為裡面的封鎖體還能阻擋一些外部封鎖體的放射性，而靠近探測器的封鎖體的背景輻射再沒有辦法去除。這種被動阻擋或「吸收」掉外來輻射的辦法，稱為「被動封鎖」。

　　一般封鎖體系統的典型安排如圖 3.1.8 所示，從外到裡分別為鉛層、聚乙烯、含硼聚乙烯、高純無氧銅，最裡面是安排探測器的空間。鉛除阻擋外來帶電或中性粒子外，主要阻擋外來的伽馬射線。聚乙烯使外來中子（也包括伽馬射線在鉛層內產生的中子）減速；含硼聚乙烯中的硼，既能使中子減速，又能吸收中子。含硼聚乙烯層在吸收中子的同時，會有伽馬射線產生，所以最裡面安排了比較厚的無氧銅，阻擋所有企圖進入探測器空間的射線或粒子。

　　當然，不深的地下實驗室還是有不少的宇宙線，而且能量很高。再厚的封鎖體也阻擋不了這些宇宙線。既然擋不住，就設法把它們記錄下來，而後在分析數據時將其影響扣除，這種方法稱為「主動封鎖」。經常在「被動封鎖」體的外面安排專門探測和記錄宇宙線粒子的探測器，將即時探測宇宙線並記錄下來。

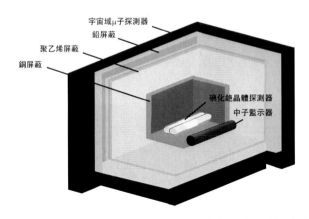

圖 3.1.8　封鎖體安排，從外到內分別為鉛、聚乙烯、無氧銅

　　圖 3.1.9 為韓國 KIMs 暗物質實驗探測器的封鎖體和宇宙線粒子探測器的照片，圖中藍色部分就是包在封鎖體外面，專門探測宇宙線粒子的液體閃爍探測器。宇宙線在進入「被動封鎖」體或暗物質探測器之前，必將先穿過閃爍探測器，該閃爍探測器將告訴我們宇宙線進入的時間和地點。在時間上與宇宙線訊號相關事例，很可能就是宇宙線產生的背景事例，必須在實驗中扣除。

圖 3.1.9　KIMs 實驗封鎖體外面的閃爍探測器的照片

　　氡氣從岩石中溢出並擴散到實驗室的空氣中。氡氣是一種放射性氣體，會不斷地輻射出伽馬射線等。氡氣進入探測器空隙中也會形成背景訊號，成為特別的輻射背景來源。所以，一

方面要避免氡的聚集，另一方面要防止氡氣進入封鎖體內的探測器空隙中。為此，要不斷將外界新鮮的空氣引入實驗室，減少實驗室內的氡氣含量；同時要用高純的氮氣將探測器空隙中的氡去除。

活躍在地下的暗物質探測實驗

國際上有十幾個直接探測 WIMP 的實驗，有的已經停止，有的正在進行，也有的還在準備階段。圖 3.1.10 中標出地下實驗室以及直接探測暗物質實驗在地球上的分布。表 3.1.2 列出了具有代表性的直接探測實驗（包括探測手段核探測器介質材料）。因為不可能將所有實驗活動一一介紹，只就幾個典型、有代表性的實驗做較為詳細介紹，這對了解活躍在各地暗物質的直接探測活動十分必要。

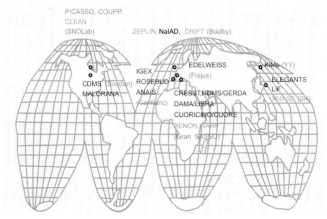

圖 3.1.10　地下實驗室和直接探測暗物質實驗在地球上的分布

暗物質 失落的宇宙

介於「存在」與「不存在」之間，
一本書讀懂 21 世紀最重大的天文學難題

表 3.1.2　具有代表性的直接探測的實驗

實驗名稱	探測訊號	靶材品質
低溫固體		
CDEX–0	游離	20g Ge
CDEX–1	游離	0(1kg)Ge
CDEX–10	游離	0(10kg) Ge
SuperCDMs	游離 + 聲子	9kg Ge
CoGeNT	游離	443g Ge
CRESSTII	閃爍光 + 聲子	10kg $CaWO_4$
TEXONO	游離	1kg Ge
液氙		
LUX	閃爍光 + 游離	350kg LXe
PandaX–1a	閃爍光 + 游離	125kg LXe
XENON100	閃爍光 + 游離	161kg LXe
XMASS	閃爍光	335kg LXe
液氬		
DarkSide–50	閃爍光 + 游離	50kg LAr
DEAP–3600	閃爍光	3600kg LAr
閃爍晶體		
DAMA/LIBRA	閃爍光	250kg NaI(Tl)
KIMs	閃爍光	104.4kg CsI(Tl)
過熱液體		
PICASSO	氣泡	2.7kg C_4F_{10}
COUPP	氣泡	4kg CF_3I

1・收集光的探測實驗

DAMA、KIMs 等實驗是單一探測可見光的實驗，採用了核物理中常見的無機閃爍體探測器。DAMA 主要透過「年調製效應」的測量獲得暗物質粒子 WIMP 資訊，KIMs 主要測量反衝核的能譜，也測量了「年調製效應」。

DAMA 採用低背景摻鉈碘化鈉 NaI(Tl) 晶體探測技術，在義大利巨石地下實驗室進行；KIMs 採用低背景摻鉈碘化銫 CsI(Tl) 晶體探測技術，在韓國襄陽地下實驗室進行。雖然晶體不一樣，但其測量原理基本相同。

當 WIMP 進入閃爍晶體內，並與晶體原子核碰撞，原子核被反衝，離開原來的位置，變成具有一定能量的帶電「裸核」（或稱「反衝核」）。帶電的反衝核在碘化鈉晶體內的移動，將一部分能量轉給晶體內的原子，並激發原子，被激發的原子很快退激發（微秒量級），退激發時放出可見光範圍的螢光，螢光的強度正比於反衝核的能量。圖 3.1.11（a）所示為暗物質粒子 WIMP 在閃爍晶體內產生螢光的示意圖。只要探測到螢光的強度，不僅知道 WIMP 與原子核碰撞，而且可以知道反衝核的能量，從而直接探尋暗物質粒子 WIMP。

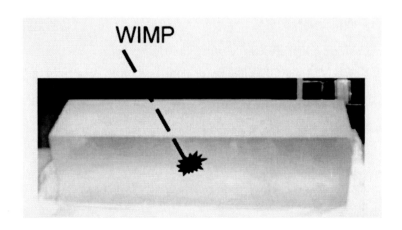

（a）WIMP 粒子在閃爍晶體上產生螢光示意圖

（b）閃爍晶體兩端安裝有光電倍增管

圖 3.1.11　閃爍體探測器

　　閃爍體探測器的結構很簡單，主要部件是閃爍晶體和光電倍增管。閃爍晶體的外面包有反射光的材料和避光材料，晶體一端或兩端安裝有光電倍增管，如圖 3.1.11（b）所示。避光材料防止晶體外面光的影響，反射材料保證了螢光只能傳輸到光電倍增管上。光電倍增管將螢光轉換為電脈衝訊號，並具有放大功能。透過測量電脈衝訊號的幅度，獲得 WIMP 碰撞的資訊和反衝核的能譜。

　　當然，除 WIMP 外，X 射線或電子進入閃爍體也會產生螢光，也會使光電倍增管產生電脈衝訊號。但與 WIMP 粒子不同，X 射線或電子是將原子外圍的軌道電子反衝出來，螢光由反衝電子產生，與反衝核形成的脈衝形狀有所不同。人們依據脈衝形狀的不同，從背景中挑選 WIMP 事例，扣除背景。這種方法通常為「脈衝甄別法」（pulse shape discrimination, PSD）。脈衝甄別的能力與晶體的性質有關，NaI(Tl) 晶體和 CsI(Tl) 晶體都有這種能力，這也是採用這兩種晶體的原因之一。

　　圖 3.1.12 為一個典型的光電倍增管的照片，可以看到，光電倍增管由玻璃管殼和殼內的電極構成。如果玻璃管殼和殼內的電極有放射性元素的話，會產生很大的背景。為此，一定要選擇低放射性的光電倍增管，例如石英管殼的光電倍增管。另外，光電倍增管和晶體之間插入一根低輻射背景的透明石英棒作光導，一方面能阻止光電倍增管的射線進入晶體，另一方面也有助於螢光的傳導。

　　當然，碘化鈉 NaI(Tl) 晶體和碘化銫 CsI(Tl) 晶體自身的放射性背景也是主要背景來源之一，必須想盡一切辦法去除。例如，CsI(Tl) 晶體中的銫 -137（Cs-137）會輻射出 662keV 的 γ 射線，也是放射性背景的主要來源。KIMs 研究組對此做了大量研究，發現晶體中的 Cs-137 是在生產碘化銫材料過程中使用了普通自來水，水中含有 Cs-137 所致。生產過程中改用純淨水後，Cs-137 的含量就大大減少了。

圖 3.1.12　光電倍增管照片

　　DAMA 實驗在義大利的巨石地下實驗室進行。每塊晶體的質量為 9.7kg，晶體的兩端通過 10cm 的石英光導，將螢光收集在低背景光電倍增管上。為減少氡的影響，探測器由純銅密閉起來，並吹入高純氮氣。外部是由鉛、聚乙烯、無氧銅及能吸收中子的鎘薄膜構成的封鎖體，最外面周圍是 1m 厚的中子減速體。

　　DAMA 實驗組於 1997—1998 年間，開始發表有關年調製效應的物理結果，2003 年提出了最終結果。新一代升級後可開展 DAMA/LIBRA 實驗，由 25 塊晶體構成 5×5 陣列。實驗進行了 6~7 年的時間，主要觀察 WIMP 的年調製效應。圖 3.1.13 為 DAMA 探測器外形的照片。

圖 3.1.13　封鎖體內 DAMA 實驗的晶體探測器陣列

2・收集電子的探測實驗

CoGeNT 和 CDEX 都是單一收集電荷的實驗，是透過能譜測量獲得 WIMP 資訊的實驗，都採用了高純鍺半導體偵檢器（high-purity germanium detector）。

高純鍺半導體偵檢器，是核物理實驗中測量核輻射的常用偵檢器。高純鍺（HPGe）是一種純度達到 10 ～ 13 個 9 的半導體偵檢器（即雜質濃度只有百億分之一左右）。它同時具有密度大、自身放射性背景低、能量解析度好等優點。不過，偵檢器的工作溫度為 -200°C（70~80K）左右，需要將偵檢器置於低溫容器內。

WIMP 射入高純鍺半導體中，鍺原子核被反衝後，成為帶電的「反衝核」，獲得動能的「反衝核」，又將周圍的原子游離產生很多自由電荷（包括電子和空穴）。游離產生的電荷，多少正比於反衝核動能的大小。這些電荷在電場作用下漂移到電極的過程中，形成電脈衝訊號，並透過低雜訊放大器被記錄下來。

電脈衝訊號幅度大小正比於反衝核動能，再由反衝核能譜獲得暗物質粒子的資訊。圖 3.1.14 （a）所示為偵檢器內部高純鍺半導體和訊號輸出電子學的示意圖。

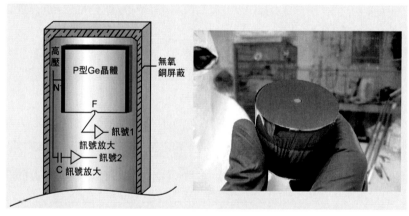

圖 3.1.14　鍺半導體偵檢器

　　（a）高純鍺半導體偵檢器結構圖，銅套內的鍺晶體兩端的電極與放大器連接，將訊號放大並輸出；（b）點電極 HPGe 晶體照片

　　雖然反衝核從 WIMP 那裡得到的能量很少，游離出的自由的電子和空穴也不多，但高純鍺半導體自身的暗電流或雜訊也不大，因此可以探測到反衝核事例，並測量出其能量。不過，能量太低的訊號被淹沒在暗電流或雜訊中也是不行的，這個能被探測到的最小能量，被稱為偵檢器的能量閾。和其他類型的偵檢器相比，高純鍺半導體偵檢器的能量探測閾很低，這預示

著對探測質量小的 WIMP 有較高的靈敏度。

　　此外，偵檢器電極的尺寸會影響電子雜訊。電極越小則雜訊越小。為此，近年來發展出電極很小的偵檢器，稱為點電極 HPGe 偵檢器。這種偵檢器電極的直徑只有 1~2mm，雜訊很低，能量閾可以到 200eV 甚至更低，為閾值很低的一類偵檢器。反衝核的能量越低事例率就越高，也就是說，偵檢器的能量閾越低，探測效率就越高，對低質量 WIMP 的探測靈敏度也越好。圖 3.1.14（b）所示為點電極 HPGe 晶體的照片。

　　高純鍺半導體偵檢器 HPGe 也有一定的甄別 γ 射線背景的能力。γ 入射有可能在半導體內發生兩次、或多次電子反衝，WIMP 在半導體內僅有一次核反衝。反衝次數不同所形成的輸出脈衝形狀不一樣，所以 HPGe 還有不錯的背景甄別能力。二○○九年 TEXONO 利用 20g 的 HPGe 實現了低質量下的最好靈敏度探測。二○一○年，CoGeNT 利用 475g 的 HPGe，獲得在低質量區很高靈敏度的探測。

　　中國的 CDEX 實驗和美國的 CoGeNT 實驗都採用了點電極 HPGe 偵檢器，前者在中國四川錦屏地下實驗室，後者在美國明尼蘇達州的蘇丹地下實驗室。由於探測閾比較低，兩個實驗的重點都是探尋質量在 10GeV/C 範圍的 WIMP。如果累積多年的數據，也可以透過分析年調製效應來尋求直接探測 WIMP 的證據。圖 3.1.15 為 CoGeNT 實驗組的點電極 HPGe 偵檢器照片（照片中有鉛封鎖磚和偵檢器）。

圖 3.1.15　CoGeNT 實驗組的點電極 HPGe 偵檢器照片

3·同時收集電子與聲子的探測

CDMS/SCDMS 是同時測量電荷和聲子的實驗，採用「單一事件辨別法」尋找 WIMP。整個實驗裝置放在熱力學溫標幾十毫度（mK）的環境中，屬於超低溫高純鍺偵檢器實驗，具有很好的背景事例和 WIMP 事例的鑑別能力。

實驗探測中使用了兩種偵檢器，一種是測量游離電子的半導體偵檢器，另一種是用來測量溫度的超導感測器。聲子收集器和偵檢器的工作溫度都很低，為約幾十毫度的熱力學溫度（約 20mK），幾乎接近熱力學溫標的零度（0K）。圖 3.1.16 提出這兩種複合型偵檢器的工作原理示意圖。鋁（Al）聲子收集器緊貼在鍺 Ge（或矽 Si）偵檢器表面，而鎢（W）超導感測器又緊靠在 Al（鋁）聲子收集器邊上。當 WIMP 進入 Ge（或 Si）半導體中，反衝的 Ge（或 Si）原子核讓周圍原子游離，產生電荷（見圖 3.1.16（b）），電荷的收集將產生電訊號並放大。另外，反衝的

Ge（或 Si）原子核還會使周圍晶體發生振動，產生「聲子」。「聲子」透過「類似粒子散射或擴散」從 Ge（或 Si）半導體進入 Al 聲子收集器，進而到達鎢（W）超導感測器（見圖 3.1.16（a））。由於偵檢器工作在熱力學溫標約幾十毫度的極低臨界溫度下，雖然聲子數量不多，也會使 W 感測器溫度升高幾十毫度。當 W 的溫度超過臨界溫度（約 80mK），超導特性使其電阻值發生突變。電阻的突然變化可以透過電子學轉化為電脈衝記錄下來。

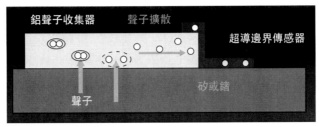

（a）組合型偵檢器基本工作原理示意圖

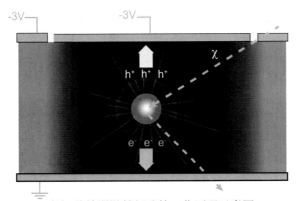

（b）偵檢器游離部分的工作原理示意圖

圖 3.1.16　同時測量電荷和聲子的組合偵檢器

147

暗物質 失落的宇宙

介於「存在」與「不存在」之間，
一本書讀懂 21 世紀最重大的天文學難題

　　複合偵檢器一方面透過超導感測器得到「聲子」方面的資訊，推導出反衝核或反衝電子的總能量；另一方面由 Ge（或 Si）半導體偵檢器獲得游離能量的大小。也就是說，可以同時得到反衝事例的總能量和游離能。在總能量一樣的事例中比較游離能，就可以將核反衝與背景區分，即由游離能和反衝總能量的比例來甄別 γ 或 e 背景。γ 或 e 反衝的是電子，電子的游離訊號相對較大；而 WIMP 反衝的是原子核，反衝原子核的游離訊號相對較小。在反衝能量相等的情況下，兩者的游離能和總能量之比有很大的差別，背景訊號的游離大於反衝核的游離。圖 3.1.17 表示背景事例和 WIMP 事例的不同響應，圖中橫座標為反衝事例總能量，縱座標為游離能。可以利用這個差別來甄別 γ 或 e 背景。很顯然，總能量一樣時，游離能大的是 γ 或 e 背景，游離能小的是 WIMP 事例。這也是這種實驗探尋方法的優勢。在鑑別背景的基礎上，將 WIMP 事例從背景中一個一個挑選出來，再透過反衝核的總能量，推算出 WIMP 的相關質量或能量方面的資訊。

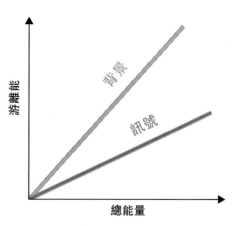

圖 3.1.17　背景（電子反衝）和訊號
事件的解析

實際上，CDMS 每個偵檢器單位都很小，特別是 Al 聲子收集器和 W 傳感，都是利用微電子技術蒸鍍在 Ge 或 Si 表面。陣列式結構中每個單位為 250μm×60μm 左右，Ge 或 Si 的厚度為幾公分。為提高探測效率，必須增加偵檢器質量，只好將很多 Ge（或 Si）偵檢器單位疊在一起形成陣列，放在熱力學溫標幾十毫度的溫度環境中。分別讀出電脈衝訊號和聲子感測器訊號。

雖然這種偵檢器有很好的背景甄別能力，但探測閾較高，當訊號幅度太小時由於電子雜訊的影響，而無法辨別背景還是訊號。另外，製作技術複雜，不容易建造大規模、大質量的偵檢器系統。

圖 3.1.18 為 CDMS 偵檢器內部照片和組裝好的偵檢器照片。CDMS-I 偵檢器有 1 個 100g 矽探測單位，和 6 個 165g 鍺單位偵檢器（100g Si+6×165g Ge），而 CDMS-II 偵檢器由 3 個 100g 矽探測單位，和 3 個 250g 鍺單位構成（3×100g Si+3×250g Ge）。半導體偵檢器採用了 Si（原子序數 28）和 Ge（原子序數 73）兩種不同材料，其目的是透過比較兩種偵檢器的訊號，進一步減少背景（WIMP 與這二種不同材料碰撞的機率不等），其中 Si 可以視為是專門測量背景的參考偵檢器。

（a）偵檢器內部照片；（b）組裝好的偵檢器

圖 3.1.18　CDMS 偵檢器

SCDMS 與 CDMS 一樣，可以同時測量游離與聲子。不過，SCDMS 偵檢器採用薄膜超導技術，每個鍺偵檢器為 600g，直徑 76mm，厚 25mm。SCDMS 偵檢器可同時得到 8 路聲子資訊和 4 路游離資訊。從而進一步提高對低能量反衝核的探測靈敏度。

4‧同時收集光子和聲子的探測

CRESST 是典型的同時收集光子和聲子的探測器。CRESST 探測器採用鎢酸鈣（$CaWO^4$）閃爍晶體作為靶材，由閃爍光探測器和聲子探測器組成，其工作原理如圖 3.1.19 (a) 所示。閃爍光探測器由 CaWO4 閃爍晶體、光吸收體和熱量計組成。聲子探測器由同一個 CaWO4 晶體和另一側的熱量計組成。

當暗物質粒子 WIMP 入射 $CaWO^4$ 閃爍晶體中，晶體中的原子核被反衝並離開晶格。帶電反衝核的小部分能量在 $CaWO^4$ 晶體中產生閃爍光，當閃爍光傳輸到達光吸收體並被吸收的話，吸收體的溫度會上升；另外一大部分的能量使晶體內的晶格振

動,晶體的溫度也同樣會有升高。可惜的是,反衝核的能量很小,無論吸收體還是晶體,其溫度的升高都極小,只有攝氏百分之幾度(或稱熱力學溫標的幾十毫度)。如何測量到如此小的溫度變化呢?為此:整個晶體探測器必須在極低的溫度環境中(一般低於 100mK 左右),同時使用極其靈敏的溫度感測器,一般採用 TES。

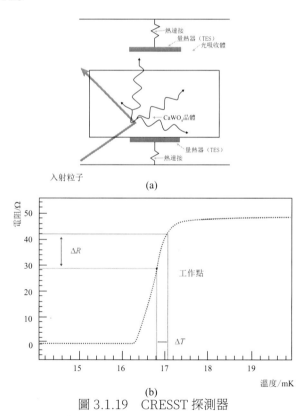

圖 3.1.19　CRESST 探測器

　　圖 3.1.19 (a) 中的熱量計，就是超導相變感測器（Transition edge sensor, TES），圖 3.1.19 (b) 所示為 TES 的工作原理圖。在一定的低溫溫度下，TES 處於超導和常態之間的過渡狀態，溫度升高 ΔT，導致感測器的電阻急遽變化 ΔR，測量 ΔR 就得到了 ΔT。由探測器的上下兩個 TES，可分別獲得晶體和吸收體的溫度變化 ΔT，也就不難得到產生閃爍光的能量大小和使晶體振動的能量多少，進而推導出反衝核的能量。

　　相同能量的反衝核和背景粒子（電子或伽馬）在 CaWO4 晶體中產生閃爍光的光量（或稱光產額）有較大差別，可以利用閃爍光產額與能量的關係甄別背景粒子，挑選出 WIMP。這就是 CRESST 同時測量振動和閃爍光的緣由。圖 3.1.20 所示為閃爍光產額與能量的分布圖，圖中藍色實線帶為 γ/e 的背景事例，黑色虛線帶為 O（氧）反衝核事例區域，紅色實線帶為 W（鎢）反衝核區間，黃色區域表示實驗工作靈敏區。

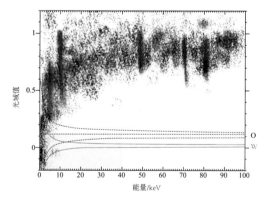

圖 3.1.20　各種粒子閃爍光產額與能量的分布圖

實際的探測器是很複雜的，由很多探測器單位陣列組合而成，照片見圖 3.1.21。CRESST 實驗組於二〇一五年八月結束了在 LNGS 實驗室的實驗，累積了 52kg·d（公斤天）的數據量，得到了核反衝能量約為 307eV 的極低能量閾值，獲得了在 <1.6GeV/c² 的 WIMP 質量區域最靈敏的結果，並且將 WIMP 的質量靈敏區域推到了 1GeV/c² 以下。

圖 3.1.21　CRESST 陣列探測器照片

5·同時收集光子和電子的探測

XENON、LUX 是同時測量電荷和閃爍螢光的一類實驗，採用「單一事件辨別法」尋找 WIMP，所用的探測器為時間投影室（time project chamber, TPC）。TPC 內的工作介質為液態的氙（Xe）。

液態的氙（Xe）和液態的氬（Ar）一樣，都是很好的液體閃爍體。當帶電粒子在液氬或液氙中有游離損失時，一部分能量會轉換為螢光，另外一部分能量將其游離而產生電荷，從而可以透過收集螢光和電荷來探知 WIMP。圖 3.1.22 所示為液氙為例的探測器結構和工作原理示意圖，由於液氙的上表面是氙的飽和蒸氣，故又稱為液氣兩相的 TPC。

工作介質為氣體的 TPC，是粒子物理實驗中常用的徑跡偵

暗物質 失落的宇宙

介於「存在」與「不存在」之間，
一本書讀懂 21 世紀最重大的天文學難題

檢器（Solid State Nuclear Track Detector, SSNTD），可以測量帶電粒子在投影室氣體中的三維徑跡，具有優良的位置和徑跡解析能力。如果投影室內是液體，由於帶電粒子的徑跡很短，無法獲得徑跡，但仍可以透過游離電子的漂移時間知道游離發生的位置，實現三維位置測量。XENON、LUX 採用液氙 TPC 來探測 WIMP。

偵檢器結構如圖 3.1.22 所示，液氙在密閉的低溫容器內。容器內下部是透明的液體氙，上部是飽和氙蒸氣（氣態氙）。容器外面的電場線圈在容器內形成一個均勻電場，電場方向從上向下。液體氙部分的電場不太強，氣態氙部分的電場很強。容器內的頂部和底部都安裝有光電倍增管（photo multiplier tube, PMT）陣列，用來接收螢光，並將光轉換為電訊號。

當 WIMP 進入偵檢器內和液氙的核碰撞後，氙（Xe）的原子核被反衝。而後反衝核將周圍液體游離，在產生很多游離電子和離子的同時，還激發出閃爍螢光。一方面閃爍螢光穿過透明的液體氙，被 PMT 接收後得到訊號 S_1；另一方面，游離出來的次級電子在電場作用下，向上面的氣態氙方向漂移，經過一段漂移時間到達氣態氙中。由於氣態氙的區域有很強的電場，使電子再次發生多次游離產生更多的次級電子和更強的螢光，這些螢光被 PMT 接收形成訊號 S_2。顯然，訊號 S_2 要比 S_1 晚一些，其時間間隔就是電子從液體氙到氣態氙的漂移時間。當然，S_1 和 S_2 訊號幅度的大小，與游離產生的次級電子的多少有關。

如果背景 γ 射線進入偵檢器器內，和液氙原子外層電子作用，電子被反衝出來。反衝的電子和反衝核一樣，也會產生 S_1 和 S_2 兩個訊號。但由於反衝電子和反衝核不同的物理機制，S_1 和 S_2 訊號幅度之比有很大不同，反衝電子 S_1 和 S_2 幅度比要遠小於反衝核的（見圖 3.1.22）。這就為甄別背景提供了一個很好的依據：透過 S_1 和 S_2 幅度比將背景訊號剔除，將 WIMP 訊號辨別。這是該實驗方案的特點，也是該實驗方案的優勢。

這類偵檢器介質的質量可以達到幾百公斤，甚至幾噸，但所使用的液氙或液氬必須不斷純化，過濾掉可能造成放射性的元素以及影響螢光產生和傳播雜質。所採用的光電接收元件，也必須具有極低的放射性背景和對螢光的高接收轉換效率。液體氙和液體氬的溫度分別為 110° K 和 87° K，為此必須建立低溫製冷系統，以保證偵檢器的低溫工作環境。

XENON 實驗組由二〇〇六年的 15kg 液氙，TPC 發展到 XENON100 的 165kg 液氙 TPC 偵檢器，得到的實驗數據可以說是暗物質直接探測實驗中靈敏度最好的實驗結果之一。實驗在義大利巨石地下實驗室進行。圖 3.1.23 為 XENON10 液氙偵檢器和所使用的光電倍增管陣列的照片。

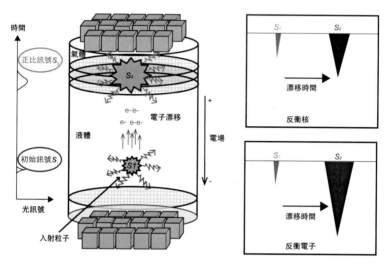

圖 3.1.22　氣液兩相液氬偵檢器結構和工作原理圖

（a）XENON10 液氬偵檢器照片　　　（b）所使用的光電倍增管陣列

圖 3.1.23　液氬偵檢器和所使用的光電倍增管陣列

　　除上面介紹的四種直接探測實驗外，還有許多其他直接探測技術，如感光耦合元件 CCD、氣體 TPC 、氣泡室、乳膠等實驗，不再一一介紹了。

3.2

尋找湮滅的間接探測

間接探測的基本設想

暗物質的間接探尋基於以下假設：就像正負電子碰撞湮滅後轉換為成對的伽馬射線、成對的帶電粒子一樣，WIMP 之間的相互碰撞也可能湮滅，並產生次級粒子，且湮滅後產生的次級粒子為普通可探測的粒子，如質子 p、微中子 ν、伽馬射線 γ、電子 e 等。

WIMP 湮滅後轉變為普通的粒子的過程，可以用下面的式子表示（χ 為暗物質 WIMP 粒子，χ' 為暗物質 WIMP 反粒子）：

$$\chi + \chi' \rightarrow e^+ + e^-$$

$$\chi + \chi' \rightarrow p + \bar{p}$$

$$\chi + \chi' \rightarrow \nu + \bar{\nu}$$

$$\chi + \chi' \rightarrow \gamma + \gamma$$

完全可以透過測量這些湮滅產生的電子 e、伽馬 γ、微中子 ν 或質子 p 等次級粒子探測 WIMP。這些 WIMP 的次級粒子都是我們非常熟悉的普通粒子，已有成熟的測量技術。

當然，如果我們假設暗物質粒子也像普通粒子一樣有可能發生衰變，且衰變產生的次級粒子中有普通粒子，那我們也可以透過探測衰變產生的次級粒子，探尋暗物質粒子。

實際上，湮滅現象發生的機會很低。暗物質粒子之間的交互作用很微弱，正反暗物質粒子隨機撞在一起的機率微乎其微，「同歸於盡並產生普通粒子」的機會就更低了。而且即便兩個暗物質粒子近在咫尺，也很難說一定會湮滅。所以，從宇宙的生成到今天仍然有大量暗物質遍布整個宇宙，甚至成為構成星系和星團的「紐帶」或「黏合劑」。幸運的是，儘管 WIMP 粒子湮滅機會罕見，它們所產生的次級粒子（如電子、質子、微中子等）都是長壽的粒子，讓我們有機會使用特殊的探測裝置來發現這些粒子的蹤跡。圖 3.2.1 為假想在銀河系中心附近的 WIMP 粒子湮滅後產生了伽馬或微中子 ν，並飛向地球。

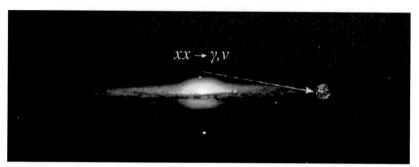

圖 3.2.1 銀河系中心附近的 WIMP 粒子湮滅後，產生了伽馬或微中子 ν

　　WIMP 的質量很大，而轉變後的粒子質量都很小（如微中子、電子等），甚至質量為零（如伽馬），因此絕大部分的質量都轉換為它們的動能，所以這些電子、伽馬、微中子或質子的能量都相當高，我們必須採用高能粒子物理的實驗辦法來探測這些粒子。

　　次級粒子中帶電的電子或質子，與不帶電的伽馬、微中子不同。帶電粒子在宇宙中產生後，會受銀河系磁場的影響，而改變運動軌跡與產生時的運動方向，無法用探測它們的方位來追溯原來的方向。不帶電的伽馬、微中子不因銀河系磁場偏離原初軌跡，便於追根溯源，找到 WIMP 粒子的位置。

　　當然，初級宇宙線在銀河系空間與星系際中的物質作用，也產生大量的不帶電粒子（伽馬射線和微中子），遠比 WIMP 產生的次級粒子多很多，成為間接探測的背景。由於探測的粒子能量高、事例率低，還要求有優良的背景辨別，故間接探測器一般都規模大，重量重，結構複雜。另外，WIMP 粒子相互碰撞

或湮滅的機率與其濃度的平方呈正比，探測時最好接近 WIMP 粒子濃度高的高空或太空，還可避免大氣層的干擾，這些都為探尋暗物質粒子帶來很大的困難。

如果次級粒子的能量很高（如特別高能的伽馬 γ 或特高能的微中子 ν），可以穿過大氣層到達地球表面，探測器也可以安排在地面上，其規模就更大、更複雜了。

總之，無論在空間還是在地面上間接探尋暗物質，並要區分宇宙線背景，都是對探測技術的重大挑戰。

活躍在世界各地的探尋活動

世界各地間接探測暗物質的實驗活動非常活躍，大致歸納有以下四類：

(1)　在高空或太空主要透過探測電子來尋找 WIMP 粒子，如 ATIC、PAMELA、CALET、AMS02 等；

(2)　地面上透過探測微中子尋找暗物質，如 ICECUBE 等實驗；

(3)　在太空探測高能伽馬射線，如 EGRET、GLAST、AMS02 等；

(4)　在高空或太空透過探測質子和反質子來尋找 WIMP 粒子，如 AMS02、PAMELA、BESS 等。

圖 3.2.2 中列出一些地面的間接測量實驗在世界的分布。篇幅有限，本節將簡單介紹幾個典型的高空實驗：ATIC、PAMELA、ICECUBE 和 AMS02。

暗物質 失落的宇宙

介於「存在」與「不存在」之間，
一本書讀懂 21 世紀最重大的天文學難題

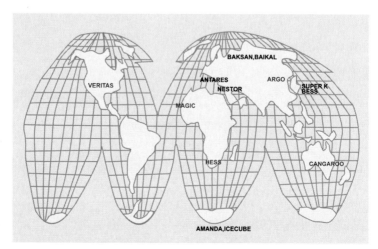

圖 3.2.2　間接探測 WIMP 實驗在世界各地的分布

1・高空探尋暗物質

ATIC 是在高空同時探測高能電子和高能伽馬射線的實驗。高空觀測高能電子十分困難，因為造成背景的宇宙線流強度，是高能電子強度的 100~1000 倍，甚至更高，必須將高能電子從大量的宇宙線背景中找出。圖 3.2.3 中是 ATIC 探測器結構的原理圖，其主要由矽半導體偵檢器 Si、多層閃爍體探測器 S_1、S_2、S_3 和 BGO 晶體量能器組合而成。矽半導體偵檢器 Si 用來辨別宇宙線中的重帶電粒子，扣除宇宙線背景；多層閃爍體探測器用來區別伽馬射線和電子，並提供電子的軌跡；BGO 晶體用來測量高能電子或伽馬射線的能量。圖 3.2.4 為組裝好的探測器照片。探測器由高空氣球帶到距地面 36~37km 的上空觀測。

二〇〇一年，ATIC 探測器在南極進行了第一次試觀測，

觀測結果表明，ATIC 可以同時觀測高能電子和伽馬射線。
二〇〇二年，探測器在南極正式觀測，並且很成功。二〇〇五
年，第三次觀測因為氣球的原因沒有成功；2007 年，ATIC 進行
了第四次觀測。圖 3.2.5（a）為將探測器和氣球放飛前的照片，
圖 3.2.5（b）所示為在南極上空氣球飛行的軌跡。在 2000—2003
年的 5 周的氣球飛行實驗中，ATIC 探測到了比預期多出的 70
個高能電子。這 70 個電子的能量極高，能量值範圍在 300GeV
到 800GeV。如果電子能量很高，在穿過銀河系磁場的過程中會
丟失很多能量。所以，人們猜想如此高能的電子，應該就在附
近不會太遠。那麼，這些多出的高能電子源自哪裡呢？可能來
源於附近的脈衝星，但也可能來源於暗物質。如果認為它們來
自暗物質的湮滅或者衰變，顯然將是十分振奮的實驗結果。

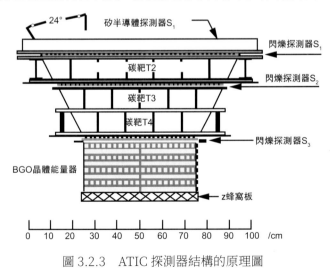

圖 3.2.3　ATIC 探測器結構的原理圖

圖 3.2.4　組裝好的 ATIC 探測器照片

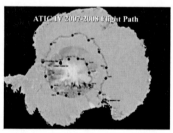

（a）ATIC探測器和氣球放飛前的照片　　（b）在南極上空氣球飛行的軌跡

圖 3.2.5　ATIC 在南極的探測試驗

2・太空探尋暗物質

　　人造衛星上探尋暗物質的 PAMELA 實驗和國際太空站上探尋暗物質的 AMS02 實驗，是在太空探尋暗物質的兩個典型。

　　PAMELA 是由歐洲和俄羅斯耗資數億美元聯合研發的太空
實驗探測器，是典型的高能粒子探測磁譜儀，可同時測量多種
粒子。圖 3.2.6（b）為 PAMELA 探測器的結構示意圖，由永久磁
鐵、矽微條徑跡偵檢器、中子探測器、飛行時間探測器、由鎢
片和矽探測器構成的量能器和反符合探測器等構成。PAMELA
探測器不僅可以記錄帶電粒子在探測器中的徑跡，還可以測量
粒子的動量和能量。帶電粒子在磁場中都會被磁場偏轉，其偏
轉方向與電荷的正負有關，偏轉的彎曲程度（或曲率大小）與
粒子的動量有關。據此，PAMELA 探測器不僅可以測量帶電
粒子的動量，還可以知道是正電荷粒子還是負電荷粒子，這樣
就可以解析質子還是反質子、負電子還是正電子了。整個探測
器譜儀安裝在俄國資源衛星上，觀測來自太陽和銀河系各種
宇宙粒子。

　　PAMELA 總 重 470kg， 測 量 的 能 量 範 圍 很 廣， 包 括：
50MeV~400GeV 的 電 子；50MeV~270GeV 的 正 電 子；
80MeV~700GeV 的質子；80MeV~190GeV 的反質子等。該探測
器希望透過觀測正電子，尋找暗物質粒子湮滅的證據。

　　二〇〇六年六月，Resurs-DK1 衛星第 15 次升空，衛星
軌道為 350km×600km。圖 3.2.6（a）為衛星發射前的照片。
二〇〇八年十一月，PAMELA 公布了為期兩年的空間觀測結
果。與 ATIC 觀測結果類似，觀測到 90~800GeV 的電子數目超
出預期；此外，PAMELA 還觀測到 10~100GeV 超出預想的正電

子數目。兩個探測器完全不同，但得到了相似的結果，這種反常的超出似乎有暗物質的跡象，引起了國際同行的廣泛關注。但由於累積的事例不夠多，統計漲落大，不宜輕率下結論。

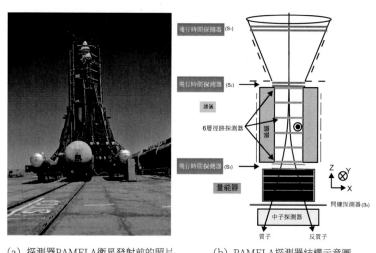

（a）探測器PAMELA衛星發射前的照片　　（b）PAMELA探測器結構示意圖

圖 3.2.6　暗物質探測衛星發射

　　另外，PAMELA 實驗只觀測到正電子數目的反常超出，並沒有發現質子和反質子數目反常增加。質子和電子都是穩定的帶電粒子，不會在達到探測器附近之前衰變為其他粒子。假如正電子數目的反常來源於暗物質，那為什麼暗物質的次級產物只有帶正電荷的電子，而沒有同樣帶正電荷的質子呢？這個結論難以讓人理解。雖然這是二〇〇八年最重要的科學進展之一，但要確定這些「反常超出」粒子是暗物質存在的證據並圓滿

解釋，還需要更多的實驗和數據。

在太空上探尋暗物質的另一個實驗探測器是 AMS02，也被稱為阿爾法磁譜儀（Alpha Magnetic Spectrometer），又稱反物質太空磁譜儀，是以美國麻省理工大學丁肇中教授為首，設計建造的高能粒子探測裝置，也是唯一在太空站上工作的暗物質探測實驗粒子譜儀。

北美、歐洲、亞洲三大洲的 16 個國家、56 個研究單位，共 600 多位科學家工程師，歷時近二十年建造完成了第二代阿爾法磁譜儀 AMS02，於當地時間二〇一一年五月十六日由美國「奮進號」太空梭送入國際太空站。AMS02 實驗是國際太空站上唯一基於粒子物理探測技術的實驗，也是唯一的大型基礎科學實驗。由於近年來人們越來越關注暗物質粒子探測，本來以尋找反物質為主的 AMS02 實驗，也將暗物質探尋作為工作重點之一。

圖 3.2.7 所示為 AMS02 譜儀結構的示意圖，其主要部件說明如下：

(1)　譜儀最上面是 20 層穿越輻射探測器（traversing radiation detector, TRD），用於辨別正電子並甄別強子；

(2)　上下共 4 層飛行時間探測器（time of flight, TOF），可以透過測量粒子飛行速度和能量損失，確定粒子的質量；

(3)　上下 TOF 的中間是超導磁場和 8 層雙面矽微條探測器，共同構成粒子徑跡偵檢器（tracker），用來測量各種帶電粒子的徑跡和動量；

（4）　安排在徑跡偵檢器下面的，是環形契忍柯夫成像偵檢器
（RICH），用來測量粒子的速度，辨別動量較大粒子的質
量，實現對高能量粒子的解析；

（5）　最底部是由鉛和閃爍光纖疊加而成的取樣量能器（ECAL），
用來測量電子、正電子、伽馬射線的能量，並能甄別能量在
1.5GeV~1TeV 範圍的強子（如質子、中子等）；

（6）　譜儀側面的反符合探測器，用來確定整個譜儀對粒子的接
收立體角。

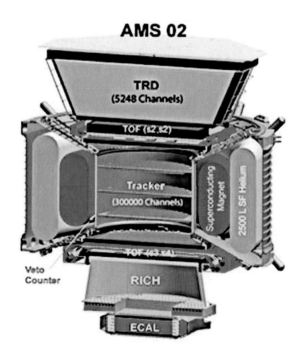

圖 3.2.7　AMS02 譜儀結構的示意圖

AMS02 探測器在國際太空站上的運行軌道為：最小高度 341km，最大高度 353km，每 91min 環繞地球一圈。AMS02 在沒有大氣的太空中工作，具有地面上探測器所沒有的優勢。天外來的粒子沒有和大氣發生作用，也沒有改變原來性質或飛行方向就可能被觀察到，這對暗物質和反物質的觀察來講更有效直接。圖 3.2.8 為 AMS02 探測器譜儀的照片，圖 3.2.9 為國際太空站上的 AMS02。

AMS02 的結構安排，使得它可以觀測太空中的高能質子、反質子、電子、正電子、核子等多種粒子。探測結果有可能解答涉及宇宙大霹靂的許多重要疑問，例如「宇宙生成的時候究竟有多少反物質？」「今天宇宙中的反物質為什麼那麼少？」「太空是否存在看不見的暗物質粒子？」……AMS02 的一個重要且緊迫的任務，就是探尋暗物質粒子 WIMP 湮滅後的次級粒子—— 高能正負電子、正反質子等，其結果可用來驗證或確認 ATIC、PAMELA 等實驗的結果。圖 3.2.10 所示為 AMS02 在二〇一一年五月，探測到的一個宇宙線事例在電腦上顯示的徑跡。

3·地球表面探尋暗物質

銀河系的暗物質粒子湮滅後，產生能量很高的微中子，很有可能會投射到地球上，我們可以透過測量這些天外來的微中子，間接探尋暗物質粒子。

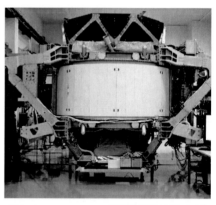

圖 3.2.8　AMS02 探測器譜儀的照片

微中子不帶電，質量極小幾乎為零。微中子與普通物質的作用是弱力，作用機率極低，大約為電磁作用的幾十億分之一。雖然它無處不在，卻不容易被直接探測，可以說是很難捉摸的粒子。

圖 3.2.9　國際太空站上的 AMS02

為探測微中子，必須將微中子轉換為帶電粒子。微中子**轟擊**原子核產生帶電粒子的事件率可表示為：$n=\sigma fN$，其中 n 為單位時間產生帶電粒子的事件率，σ 為作用截面，f 為微中子的流

圖 3.2.10　AMS02 探測到的宇宙線事例在電腦上顯示的徑跡

強，N 為靶中核子的數量。由於截面 σ 非常小，在微中子流強 f 一定的情況下，要想提高發生作用的事件數目 n，靶中核子的數量 N 就必須很大，也就是需要很大質量的靶。為此，有的實驗用 1km3 的冰塊做靶，有的用幾立方公里的海水做靶，還有實驗以一座山做靶，將探測器安置在山後。微中子流轟擊這些巨大的靶，可以產生一定數量容易探測的帶電粒子。

　　如果高能量的微中子打擊靶原子核內的質子，將產生高能帶電的 μ 粒子。高能量 μ 粒子在透明介質（如透明的冰或純淨的海水）中的運動速度，超過光在這種介質中的速度時，就會發出可見光。這種現象由俄國科學家契忍柯夫首先發現，所以又稱作契忍柯夫輻射（Cherenkov radiation）。我們可以透過收集契忍柯夫輻射的可見光來探知 μ 粒子，進而探測微中子，並希望最終追溯到暗物質粒子。依據微中子的弱交互作用截面和流強，估計出需要的靶（也是探測器）的體積至少 1km3。當然，如此大的靶或探測器，只有冰或水最經濟實惠。

　　二〇一〇年十月中旬，在布魯塞爾召開的一次研討會上，科學家們提出了一個大膽的設想：用無人問津的巨大冰塊做靶，在冰塊內插入可以探測可見光的探測器陣列，透過探測器陣列所探測到的可見光，判斷微中子撞擊事件的發生。並建議在南極冰蓋下的冰塊中建立探測器。圖 3.2.11 所示為冰立方（IceCube）實驗中，微中子在冰中轉化為 μ 子並被探測到的示意圖。微中子在南極冰蓋下的冰塊中產生 μ 粒子並被探測，是典

暗物質 失落的宇宙

介於「存在」與「不存在」之間，
一本書讀懂 21 世紀最重大的天文學難題

型的地球表面探尋暗物質實驗。

　　用大冰塊做靶的 IceCube 探測器，建造在沒有人煙的南極冰蓋下面，是埋在冰層 1 英里（1.6km）下的高能微中子探測器。圖 3.2.12 為在南極冰面上的冰立方 IceCube 探測器照片。探測器冰塊的體積為 1km³，用來探測來自天外的高能微中子。耗資 2.71 億美元，歷時 10 年的 IceCube 探測器，於二〇一〇年十二月建成並開始實驗，它是埋藏在冰層下、世界上最大的微中子望遠鏡。

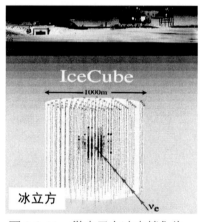

圖 3.2.11　微中子在冰中轉化為 μ子並被探測到的示意圖

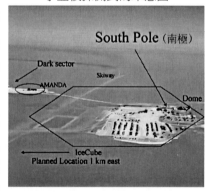

圖 3.2.12　在南極的 IceCube 實驗照片

　　為什麼採用南極的冰塊做靶和探測器呢？首先，沒有人煙的南極冰蓋非常透明，特別是冰蓋下 2000m 處的冰塊更加純淨透徹。而且由於冰層乾淨，受壓很大的深層冰塊沒有氣泡，冰塊更加透明無比，這非常有利於傳輸和收集由粒子產生的光；其次，在很深的冰塊內部沒有一絲光線，漆黑一片，

有利於探測帶電粒子在冰裡發出的可見光，並透過這些可見光的方向及強度，推測天外微中子的能量與方向等特性。

　　實驗初期，在南極的冰面上鑽出直徑約 30cm、深 2400m 的洞，二〇〇五～二〇一一年間，一共打了 86 個洞。每個洞內都有一串用繩索吊裝的光電倍增管和光學數位組件（DOM）等，放置在總長 2.45km 的繩索下面 1.45~2.45km 處。圖 3.2.13 所示為冰立方 AMANDA 實驗中探測器陣列示意圖。共計 5160 個 DOM，用來接收微中子在 1km^3 左右的冰塊內產生的訊號。圖 3.2.14（a）為將光電倍增管和光學數位組件用繩索送入洞中的照片，圖 3.2.14（b）為所用光電倍增管的照片。

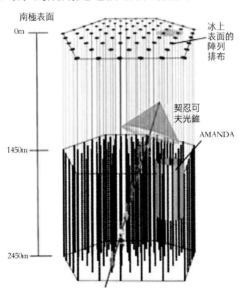

圖 3.2.13　冰立方 AMANDA 實驗中探測器陣列示意圖

（a）光電倍增管等用繩索送入冰洞中的照片

（b）繩索上直徑約 10 英吋
（1 英吋 =2.54cm) 的光電倍增管

圖 3.2.14　南極冰面的「冰立方」試驗

　　微中子進入冰塊與冰塊中原子核作用，產生高能量帶電的 μ 子，當 μ 子的速度超過光在冰塊中的速度（光在冰中的速度大約是在真空中速度的 3/4）時發出可見光，並當即被懸掛在繩索上的光電倍增管接收並轉化為電脈衝，經數位化後傳送到地面。每天有近億次的事例被記錄，但絕大部分是背景事例，篩選後的微中子事件僅有幾百個，但目前並沒有準確獲得暗物質資訊。

　　可以想像，如果暗物質粒子湮滅後產生很高能量的伽馬射線或微中子，也很可能到達地球。我們能否在地面上透過探測高能伽馬射線或微中子，間接探尋到暗物質粒子呢？

　　當然，單一微中子或伽馬射線到達地球時首先進入大氣

層，這必定會與大氣中的原子核發生作用，並產生出大量次級粒子，像暴雨一樣灑向大地。微中子會形成包含有微中子或 μ 子的「簇射」，伽馬會形成包含有電子的帶電粒子「簇射」。圖 3.2.15 所示為從宇宙到達地球的粒子示意圖。我們透過探測這些到達地球表面的「簇射」來尋找暗物質，這如跟我們將地球表面的大氣層作為十分宏大的「靶」，將微中子或伽馬又轉換了一次。很高能量微中子或伽馬形成的「簇射」範圍非常大，常常稱作「大氣廣延簇射」。簇射中大量次級帶電粒子幾乎同時到達地表，測量這些同時到達的帶電粒子就可以獲得「簇射」事例。「簇射」到達地表的面積很大，約有幾百、幾千、甚至幾十萬平方公尺。簇射面積的大小與能量有關，越高能量的微中子或伽馬射線，到達地表的面積就越大。沒有這麼大面積的探測器怎麼辦？實際實驗中只好用探測器陣列來代替。因此，許多實驗將探測器陣列安排在陸地高原上或大山中。例如中國的羊八井宇宙線測量站（見圖 3.2.16），以及測量特高能伽馬射線的望遠鏡陣列 HESS 等。

中國的羊八井宇宙線測量站，於一九九〇年建成一期探測器陣列，為當時國際上唯一的能量達到 10TeV（$1\text{TeV}=10^{12}$ 電子伏特）的地面陣列。它採用塑膠閃爍探測器。一九九六年開始的二期加密陣列將測量的最低能量（閾能）降到 3TeV，第一次實現了地面陣列對蟹狀星雲 TeV 射線輻射的觀測實驗。一九九六年又擴增了探測器，用於研究超高能宇宙線成分和能譜測量，得

到了宇宙線「膝區」能譜和成分的重要結果。羊八井宇宙線觀測站把地面觀測的閾能下降至 0.1TeV，並提高了探測靈敏度。中國和義大利科學家在羊八井宇宙線測量站內建設了室內探測器陣列 ARGO。實驗大廳總面積約 10000m²，使用阻性板氣體探測器（RPC），ARGO 總面積達 6700m²，採用全覆蓋地毯式安裝結構。ARGO 能在超高能區（$>10^{14}$eV）逐事例區分宇宙線的原始成分，貢獻良多。ARGO 還能持續監測宇宙線隨太陽活動的變化，研究其長週期變化與地球環境變化的關聯。二〇〇六年六月，羊八井觀測站完成 ARGO 全部探測器的安裝調試並投入物理運行，目前也在考慮如何間接測量暗物質粒子。

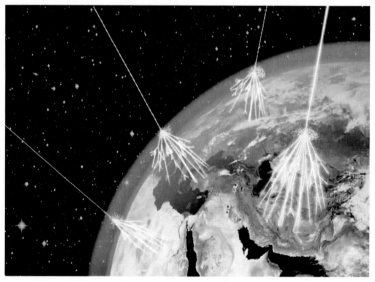

圖 3.2.15　微中子從宇宙到達地球的粒子示意圖（微中子可能轉化為 μ 子）

圖 3.2.16　西藏羊八井宇宙線測量站的探測器陣列

3.3

人工產生暗物質的嘗試

　　在討論探測暗物質方略中，已經介紹了人工產生暗物質粒子的基本設想，這是人類更積極主動地尋找暗物質的方略。利用高能加速器將正負電子或正反質子加速到一定的能量，讓它們撞在一起，相互對撞的正負電子或正反質子湮滅，生成一對暗物質粒子，而後系統研究所產生的暗物質粒子。這是和基本粒子實驗研究完全一致的思路和方案，其中的重大假設是：普通的正反粒子對撞發生湮滅，並且會有一定的機率生成一對正反暗物質粒子。當然，這一大膽的設想必須得到實驗檢驗才行。由於不知道暗物質粒子的質量到底有多大，只好寄託於目前能量最高的對撞機 LHC 上了。

世界上最大的強子對撞機 LHC

LHC 是目前世界上最大的強子對撞機，圖 2.5.2 是 LHC 的照片，是包括三十多個國家參與的大型粒子物理實驗裝備，位於歐洲核子中心（European Organization for Nuclear Research, CERN），範圍跨越瑞士日內瓦郊區和法國國境。LHC 的直徑為 8.66km，周長 27km，位於地下 50 ～ 175m 深的環形隧道中。

LHC 可以將質子的能量加速到 7~14TeV（1TeV 相當於電子在 1 萬億伏電壓下被加速得到的能量），LHC 也可以用來加速重離子，例如鉛（Pb），其離子的能量可被加速到 1150TeV。數萬億個質子和反質子在加速環高真空管內加速，並在對撞點處碰撞，撞擊次數每秒約 6 億次。如果 WIMP 的質量在 100GeV 左右的話，從能量守恆和質能轉換的角度講，這麼高能量的質子對撞產生 WIMP 應該是沒有問題的。即使產生的機率很小，如此高的撞擊頻率也足以產生一定數量的 WIMP 事件。到二〇一六年，LHC 已經運行了 3 年多的時間。

LHC 的運行，使我們進入了一個全新的高能量領域，目前已經找到了標準模型理論中預言的希格斯（Higgs）粒子。希格斯粒子關係到物質質量的來源，也被稱為「上帝粒子」。在這個全新的高能量領域中，我們還希望能夠發現超對稱理論所預言、夢寐以求的超對稱粒子，即暗物質粒子的候選者。超對稱標準模型的發現，關係到統一場論（Unified field theory）的完成與確立，從而使粒子物理學出現重大突破，並可能是照亮新物

理的曙光。對撞機內撞擊時產生的高溫，是太陽內部溫度的 10 萬倍，還可以模擬宇宙產生時的情景等等。

總之，LHC 將人類對微觀世界的認識推進到一個新高度，也為人工製造暗物質粒子 WIMP 的設想帶來了希望。

在加速器或對撞機上尋找暗物質粒子，與直接或間接測量有很大的區別。首先，我們並不知道電子或質子對撞產生暗物質粒子的機率；其次，即使對撞時產生了暗物質粒子 WIMP，WIMP 與探測器介質的作用很弱，會輕易穿出探測器遠離而去，探測到的可能極小。雖然對撞點附近的探測器已經很大了（有幾千噸的質量），還是不能直接探測到暗物質粒子。

不過，探測器可以探測每一次對撞產生的所有普通粒子，不管是帶電的粒子還是不帶電伽馬射線，都能被探測並記錄下來，從而直接或間接地獲得所有這些粒子的物理性質，（如能量、動量、質量、電荷、時間、軌跡、速度等）；再依據對撞前後能動量的分析，獲取相關暗物質粒子的資訊。圖 3.3.1 所示，為 ATLAS 探測器記錄下來的一次碰撞所產生粒子徑跡的圖像。

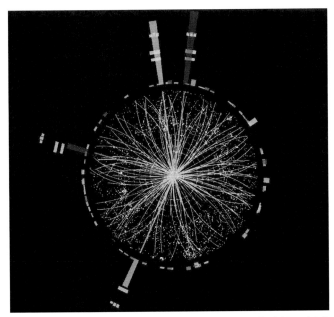

圖 3.3.1　ATLAS 探測器記錄下的一次碰撞所產生粒子徑跡

在 LHC 上探尋暗物質

　　LHC 加速環有四個碰撞點，在每個碰撞點的地穴中都安排有探測器，分別為 ATLAS、CMS、LHCb、ALICE，以及測量彈性散射截面的探測器 TOTEM。每個探測器的設計建造，都有其特點和針對性的物理目標。

　　這裡就其中最大的探測器譜儀 ATLAS 做一簡單介紹。ATLAS 是通用全粒子譜儀探測器，可以同時測量和記錄下對撞產生並進入探測器的所有粒子。譜儀為圓柱形，中心是加速

暗物質 失落的宇宙

介於「存在」與「不存在」之間，
一本書讀懂 21 世紀最重大的天文學難題

管，粒子撞點發生在譜儀中心。ATLAS 的總質量為 14500t，長
44m，直徑為 14.6m。ATLAS 探測器譜儀的結構如圖 3.3.2 所示，
由 μ 子探測器、超導磁鐵、內部徑跡偵檢器、量能器（包括電
磁量能器和強子量能器）等組成。探測器幾乎可以一個不漏探
測到進入譜儀的所有粒子，獲得每一個粒子的徑跡、能量、動
量、質量等。圖 3.3.3 為探測器安裝過程中的照片。不難從中看
出其宏大而又複雜的結構與規模。

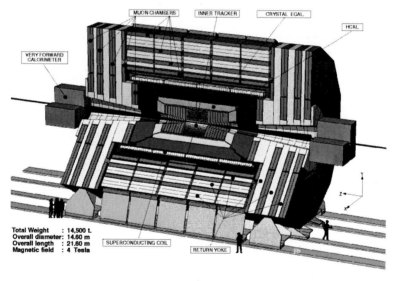

圖 3.3.2 ATLAS 探測器譜儀結構示意圖

　　怎樣才能知道探測器中有沒有留下 WIMP 的任何資訊，成
為一個重要的研究課題。WIMP 雖然沒有在探測器中留下任何
痕跡，但是把能量或動量帶走了。如果能夠確認沒有任何已知

的粒子將能量帶走的話，就可以將這部分「丟失」的能量視為 WIMP 的蹤跡。可惜的是，微中子也會帶走能量而不留任何痕跡。我們知道，微中子只參加弱力，在探測器中也極有可能「悄悄」離開譜儀探測器，而如何區別微中子還是 WIMP，成為一個十分難回答的問題。

一方面，我們對所有標準模型理論預言的物理過程都做很精細的測量，看有無超出預言的過程，觀察標準模型理論以外的物理過程，即尋找標準模型理論認為不可能的新現象、新物理。另一方面，假設一些超對稱粒子的物理過程並與實驗數據做比較，了解有無超對稱粒子的足跡。還可以假設有 WIMP 產生時，觀察探測器中可能發生的物理現象，例如在噴注 (Jet) 中大橫動量粒子的丟失等。

不過，據 ATLAS 等實驗組公布的實驗結果，到目前為止還沒有觀察到可證實有暗物質粒子產生的證據，也沒有觀測到可能的跡象。

小結

近幾十年來，世界各地探尋暗物質粒子的實驗活動前仆後繼，採用了多種手段，直接的、間接的、天上的、地下的、山上的、海裡的……等等，直到今天，科學家們仍在孜孜不倦探尋著。

直接探測實驗觀察暗物質粒子與原子核的碰撞，得到能量的

暗物質 失落的宇宙

介於「存在」與「不存在」之間，
一本書讀懂 21 世紀最重大的天文學難題

反衝核可能會在探測器中產生光、電和熱等三種效應，並依據對光、電和熱的不同探測原理，採用不同的手段，進行各種不同類型的探尋實驗活動。本章透過幾個典型的實驗，介紹了每種類型實驗的基本原理、探測的安排和優劣等。為避免宇宙線的干擾和減少天然放射線的背景，直接探測實驗基本上都在地下的封鎖體內進行。

間接探測實驗中，假設暗物質粒子湮滅後產生次級的普通粒子，依據探測次級粒子的不同，發展了各種類型的實驗。大質量暗物質粒子產生了很高能量的次級粒子，其探測方案都類似於通常的高能粒子探測。本章透過典型的實驗，介紹了各種類型實驗的基本原理、探測器安排和實驗裝置等。為避免大氣層對次級粒子的影響，間接探尋實驗都在高空或太空進行；如果在地面上探測更高能量的微中子，則需要在深海或很厚的冰層下進行。

人工產生暗物質的嘗試，在世界上最大的強子對撞機 LHC 上進行。安排在 LHC 對撞點上的各種粒子譜儀，成為最好的探測設備。由於粒子譜儀只探測普通粒子，對暗物質粒子無能為力，暗物質粒子幾乎都穿出逃逸，只好透過能量和動量的丟失來獲取暗物質粒子的資訊。

3.3　人工產生暗物質的嘗試

圖 3.3.3　安裝過程中的 ATLAS 探測器

暗物質 失落的宇宙

介於「存在」與「不存在」之間，
一本書讀懂 21 世紀最重大的天文學難題

第 4 章
找到暗物質粒子了嗎？

暗物質 失落的宇宙

介於「存在」與「不存在」之間，
一本書讀懂 21 世紀最重大的天文學難題

　　我們知道，普通的粒子（如電子、質子、原子核）之間有各種交互作用，帶電粒子之間有電磁交互作用，不帶電的粒子之間可能有強力或弱力，其表現就是它們很容易相互碰撞。交互作用越強，越容易發生碰撞，即碰撞的機率越大。當你用一顆球去碰撞另一顆球的時候，一定會知道，球的截面越大，碰撞的機率就越大。所以，物理上經常用截面大小來表示粒子碰撞的機率大小，進而用碰撞的機率來表示交互作用的大小或交互作用的類型，而碰撞中表現出的力度反映出它們的質量。

　　雖然不少證據已經證明，宇宙中的確隱藏有大量暗物質，並且認為在我們銀河系周圍有一個幾乎是均勻分布的暗物質粒子暈，而地球就在這個暗物質粒子暈中運動。可惜的是，這些都是由觀察到的各種引力作用現象所推測出來的結論，並沒有直接的實驗證據。

　　實驗探測暗物質粒子的目的，就是像看到普通粒子之間的碰撞那樣，希望能觀察到暗物質粒子和普通粒子的直接碰撞，並回答兩個最基本的問題：第一，引力作用以外，暗物質粒子 WIMP 和普通物質粒子（如質子、原子核等）還有沒有其他類型的相互碰撞？如果有碰撞的話，其作用強度多大，或作用機率有多大？第二，暗物質粒子的質量是多少？探測暗物質，至少要回答上面這兩個問題，這也是最基本的問題。簡單來說，探測暗物質就是想直接探測到暗物質粒子與普通物質粒子的碰撞事件（或稱事例），並測量得知碰撞的截面和碰撞中表

現的質量。

　　從第 3 章中我們知道，世界上幾十個國家的科學家採用了各種探測手段，到了所有能想到的地方（天上、太空、地下、水下），開展了全方位的探測，至今已有八十年的探測歷史。人們不禁要問，暗物質粒子探測到了嗎？說實話，到目前為止，這還是一個很難的問題，儘管它只有兩個最基本問題。一些實驗似乎「探測」到了 WIMP 的碰撞事件，至少認為有 WIMP 的跡象或影子，甚至提出了暗物質粒子的質量和交互作用截面，但很快又被另外一些實驗所否認。一些事件似乎可以用暗物質來說明，但又有不少其他理由，同樣可以解釋這些事件的來由……

4.1

實驗證據的表述

　　為表述對這兩個最基本問題的回答，下面使用了我們熟悉的 XY 二維平面座標系，縱座標 Y 表示 WIMP 與普通物質粒子之間的交互作用截面，橫座標 X 表示 WIMP 的質量，如圖 4.1.1（a）所示。如果實驗獲得某個質量的 WIMP 粒子，與普通物質粒子的交互作用截面，就標識在圖中對應的某個位置上，如圖中圈起來的紅色區域部分。紅色區域的大小表示測量精確度的高低，測量精確度越高，圈起來的區域就越小。我們是在既不知道有無交互作用、又不知道作用截面大小、更不知道 WIMP 質量多少的情況下探測暗物質，只好盡量擴大探測的範圍，越大越好，比喻成在 XY 的大海撈針一點也不為過。

　　即使某個實驗沒有發現任何 WIMP 與普通物質粒子交互作

用的跡象，也會提出該實驗的最佳靈敏度，也就是該實驗在不同質量下能夠測量到的最小截面。由於實驗對不同質量 WIMP 粒子的靈敏度不同，所以實驗靈敏度在二維平面座標系中是一條曲線，如圖 4.1.1（b）所示。很明顯，曲線將平面座標系中的區域劃分為上下兩部分，曲線上的區域是該實驗能夠發現 WIMP 的區域（圖 4.1.1（b）中的虛線部分），曲線下的區域是靈敏度無法達到的區域，即使有暗物質也不可能發現。縱座標為作用截面（單位 cm^2），橫座標表示 WIMP 的質量（以 GeV/C^2 為單位）。我們也可以這樣理解這條線：曲線以下的區域，是該實驗無法證實有無暗物質的區域；曲線以上的區域，是能被該實驗發現卻沒有發現的區域，也是實驗證明不可能有暗物質的區域。所以這條曲線又稱為實驗「排除線」。

當然，如果某一理論預言了 WIMP 的質量以及與普通物質粒子可能的交互作用截面，也可以在圖中標識出來，如圖 4.1.1（b）中的黑色陰影部分。在這裡不難看出，曲線以上的陰影區域是實驗將這一理論預言排除掉的部分，曲線以下的陰影區域需要更高靈敏度的實驗才能被證實或排除。

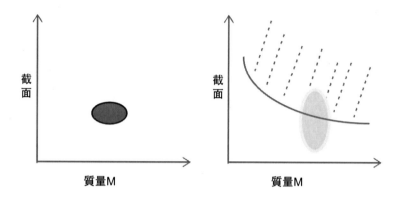

圖 4.1.1　WIMP 的質量與作用截面

4.2

暗物質粒子的跡象或證據

直接探測實驗

1・DAMA 實驗找到年調製效應

DAMA 實驗可以說是最早宣稱看到 WIMP 跡象的實驗。最初的 DAMA/NaI 實驗從一九九六年運行到二〇〇二年，是一個 100kg 的閃爍體 NaI 晶體陣列，後來的 DAMA/LIBRA 實驗是 250kg 的閃爍體 NaI 晶體陣列。首次結果於二〇〇八年報導，並且提出了 WIMP 的質量及其與普通粒子（即質子）交互作用的截面，是依據年調製效應來探測暗物質粒子的實驗。

第 2 章裡講到了年調製效應，這裡再簡要談談。WIMP 比較均勻瀰漫在銀河系中，太陽在銀河系中轉動，轉動速度是

232km/s；地球又圍繞太陽公轉，轉動速度為 30km/s，一年轉一圈。則地球相對 WIMP 的速度，是太陽的速度加上地球相對太陽的速度（見圖 4.2.1）：十二月分為（232-30）km/s，六月分為（232+30）km/s。因此，地球上探測器相對 WIMP 的運動速度有週期性變化，這一變化造成 WIMP 和探測器的普通原子核的反衝例數目也有週期性變化。

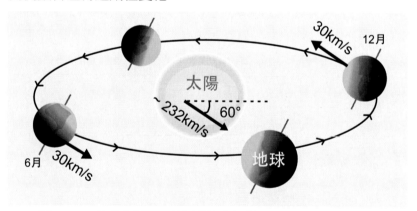

圖 4.2.1　地球上探測器的運動速度相對 WIMP 有週期性變化

　　DAMA 實驗測量了核反衝能量在 2~6keV 的事例隨日期的週期變化。夏天測量到的事例多，而冬天測量到的事例少。後來 DAMA/NaI 升級為 DAMA/LIBRA，探測器性能有了不少改進，也累積了更多數據，DAMA 的科學家們對數據又做了更加細節的分析，分別對 2~4，2~5 和 2~6keV 區段的核反衝能量處理，得到統計漲落更小的年調製效應。圖 4.2.2 所示為 DAMA 二〇〇八年發表的年調製效應實驗的一個測量結果（核反衝能

量 2~6keV）。圖中橫座標為時間，縱座標為事例率。可以很明顯看出，事例率隨時間的週期性變化，而且夏天事例率高，冬天低，與理論預期符合得很好。依據該年調製效應，DAMA 實驗組將 WIMP 的質量確認為幾十 GeV 左右，截面為 10^{-41}~10^{-40}cm^2。

除了認為「WIMP 比較均勻瀰漫在銀河系中」外，這類實驗基本上不再有更多的理論假設，基本屬於不依賴理論模型的實驗。但是，一定不能有造成調製效應的任何其他因素發生。對於 DAMA 組的實驗結論，人們提出不少異議，因為造成調製效應的因素很多，溫度、濕度、宇宙線強度等，都有可能造成事例率隨時間的週期性變化，是否將這些影響都扣除得乾乾淨淨？是否還有其他造成調製效應的因素沒有被考慮到？儘管 DAMA 組相信他們自己的結果，但該結果還沒有完全被大家接受，還需要更多的實驗證實，特別需要其他測量年調製效應的實驗來支持。

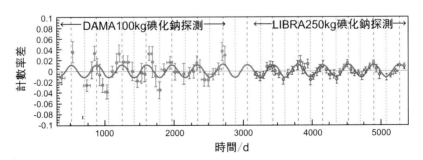

圖 4.2.2　DAMA 實驗測量到的年調製效應

2・CoGeNT（Ge）實驗發現能譜異常

CoGeNT（Ge）實驗是另一個認為觀察到 WIMP 的實驗組。它位於美國明尼蘇達的蘇丹地下實驗室（Soudan Underground Laboratory, SUL），深度為 2090MWE（相當於 2090 公尺的水）。CoGeNT 實驗由一台 440 克的 P 型點接觸高純鍺偵檢器（P-type point contact, PPC）。第 2 章裡講到了這種偵檢器探測 WIMP 的基本原理。測量 WIMP 與 Ge 原子核發生碰撞，其反衝核的部分能量沉積在高純鍺偵檢器中。透過分析偵檢器所測能譜，獲得 WIMP 的資訊。不過實驗測量到的能譜中，除 WIMP 能譜以外，一定還包括其他各種背景粒子及輻射在偵檢器中沉積的背景能譜。只有把能譜中可能的各種背景都扣除之後，還留有一些無法扣除的事例，才有理由認為是 WIMP 的事例。然後由超出事例的能譜分布，推測出暗物質粒子 WIMP 的質量及其與普通的核散射的截面。

在一般的能譜測量中，背景的分布可以透過實驗或模擬得到。本實驗中，一方面，依據背景伽馬或其他輻射的來源，模擬計算得到反衝電子的能譜；另一方面，WIMP 粒子的反衝核的能譜，可以透過理論模型計算出來。圖 4.2.3（a）是基於某種理論的 WIMP 事例能譜分布（圖中紅實線）和實驗得到的背景事例的能譜分布（圖中藍色虛線）。可見，兩種事例的能譜形狀有一定的差別，WIMP 事例隨能量的增加下降很快，而背景事例變化平緩。實際測量到的能譜是兩者之疊加。雖然我們可以

依據能譜形狀的不同，分析和判別有無 WIMP 事例或 WIMP 事例的多寡，但如果背景遠高於 WIMP 事例（如圖 4.2.3（b）所示，圖中藍線為背景、紅線為 WIMP 事例），就無法判斷有無 WIMP 事例了。必須從實驗的角度設法降低背景，至少下降到和 WIMP 事例差不多的水準才行。另外，由於事例的統計漲落很大，為能譜分析帶來更大的困難和不確定性。

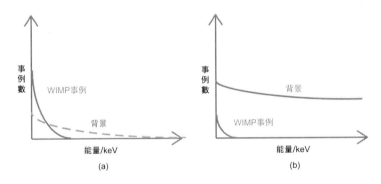

圖 4.2.3　背景能譜和 WIMP 事例能譜的兩種情況

　　圖 4.2.4 為 CoGeNT 實驗測量到的反衝核的能譜分布，在 0~3keV 能區中的一很尖銳的 1.3keV 單能峰，是鍺偵檢器內部的宇生放射性（Ge68X 射線特徵峰），如果將 1.3keV 單能峰（圖中藍色虛線）扣除後，就是連續的背景譜了。圖中的紅色曲線是假設 WIMP 的質量和截面後計算出的能譜分布，似乎與實驗比較符合，可能是 WIMP 存在的跡象。由此推斷出的 WIMP 與 Ge 原子核中質子的彈性碰撞截面和 WIMP 質量分別為：$\sigma=6.7\times10^{-41}\text{cm}^2$ 和 $M=9\ \text{GeV/C}^2$。

暗物質 失落的宇宙
介於「存在」與「不存在」之間，
一本書讀懂 21 世紀最重大的天文學難題

　　很顯然，這與背景事例扣除有很大關係。如果扣除不徹底，就會誤將背景事例當成 WIMP 事例。

　　和 DAMA 實驗一樣，CoGeNT 也觀察了背景事例隨時間的變化，即所謂的年調製效應。結果表明有 WIMP 存在的跡象，但漲落很大，置信水準很低，很難讓人信服。

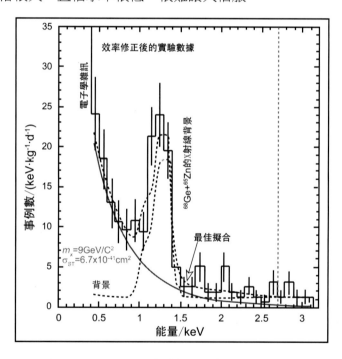

圖 4.2.4　CoGeNT 實驗測量到的反衝核的能譜

3‧CDMS 組發現兩個可能的事例

CDMS 實驗，是同時測量反衝核游離訊號和熱訊號的實驗，

可以分析每個事例，透過單一事例的特徵，從背景事例中辨認出 WIMP 訊號。在總能量相同的情況下，核反衝的游離能要比電子反衝的游離能小很多，這在總能量和游離能的二維座標圖中看得十分清楚（見圖 4.2.5）。圖中的橫座標為事例的總能量，縱座標為游離能，圖中的每個點代表一個測量到的事例。圖 4.2.5 為分別用伽馬射線放射源和中子源預先得到的實驗結果。伽馬射線放射源入射到偵檢器，得到純的電子反衝事例，中子源入射到偵檢器得到純的核反衝事例。很明顯，伽馬放射線造成的電子反衝背景事例，都在圖中的藍色區域，中子形成的反衝核事例，都在綠色區域。

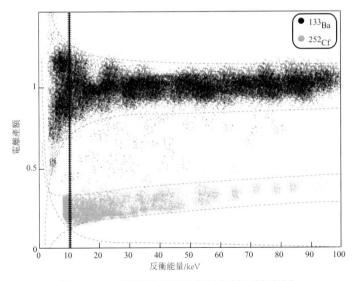

圖 4.2.5　藍色電子背景與綠色核反衝事例

暗物質 失落的宇宙

介於「存在」與「不存在」之間，
一本書讀懂 21 世紀最重大的天文學難題

　　我們知道，WIMP 事例為核反衝事例，也一定在綠色區域。如果我們在實驗測量中發現有些事例是在綠色區域，就很可能是 WIMP 的核反衝事例。

　　圖 4.2.6 為 CDMS 在美國蘇丹地下實驗室經過嚴格分析後的實驗數據。在產額和時間兩參數的座標中，上部是伽馬背景的電子反衝事例，下部是核反衝事例。不難看出，有兩個事例落在下面的核反衝區域，極可能是 WIMP 的核反衝事例。由這兩個事例可以推斷出 WIMP 的質量和彈性碰撞截面。

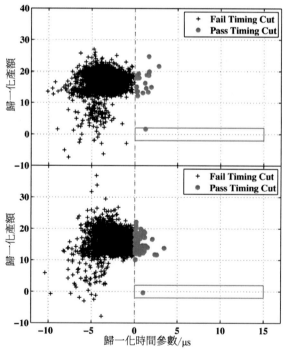

圖 4.2.6　有兩事例位於核反衝區域

二〇〇九年，CDMSII 發表了他們的實驗結果，聲稱發現兩個 WIMP 事例，反衝能量分別為 12.3keV 和 15.5keV，是暗物質粒子事例的置信度為 70%。由此推論出，WIMP 和普通核的彈性碰撞截面為 $7.7 \times 10^{-44} cm^2$，WIMP 的質量大約為 70GeV/C2。不過對背景的分析表明，背景事例在 0.8~1.0 之間，這就很難確定到底有多大的機率，保證這兩個事例是 WIMP 了。

4・CRESST 發現不少難以解釋的事例

CRESST II 實驗裝置位於義大利的巨石國家實驗室，深度為大約 1500m。該實驗的原理和 CDMS 類似，可以透過單一事例的特徵，從背景事例中辨認出 WIMP 訊號。

探測器是由八塊 $CaWO^4$ 晶體組成的裝置，每塊晶體質量約 300g，在約 10mK 的溫度下工作。每塊晶體有兩路訊號輸出，分別為溫度變化和閃爍光。既可以得到反衝核的能量又能測量反衝核的游離大小，其運作原理前面已經講過，不再重複。

實驗透過閃爍光和溫度變化，區分電子反衝和核反衝事例。雖然絕大部分來自放射性的背景產生的是電子反衝，在分析了各種背景來源之後，仍然有一些難以解釋的事例，似乎看到 WIMP 與核反衝的事例，並以此估計出可能的 WIMP 質量和與質子碰撞的截面。二〇一一年，CRESST 提出物理結果，表明有兩個可能的 WIMP 粒子，質量分別為 $25.3GeV/C^2$ 和 11.6GeV/C^2，作用截面分別為 $1.6 \times 10^{-42} cm^2$ 和 $3.7 \times 10^{-41} cm^2$。但背景很大，實驗結果的置信度不高。

　　二〇一四年，經探測器的改進和進一步分析背景，提出了新的物理結果。沒有發現超出背景的暗物質訊號事例，只能提出一條排除線。圖 4.2.7 是不同實驗的實驗結果，由不同顏色表示。其中淺藍色的區域並標有 M1 和 M2，是 CRESST 二〇一一年的結果，紅色實線和虛線是二〇一四年提出的排除線。圖中幾條其他顏色的曲線是其他實驗提出的結果，將區域 M1 和 M2 排除。改進後的實驗，否定了自己二〇一一年的實驗結果。

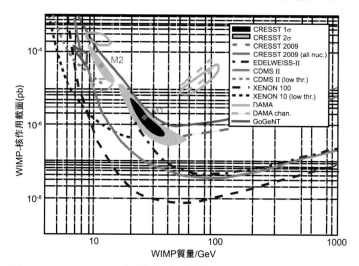

圖 4.2.7　CRESST 實驗的實驗結果（右上角為實驗名稱）

間接探尋實驗

1・ATIC 發現電子通量超出

ATIC 是一個間接測量暗物質的實驗，測量暗物質粒子

WIMP 湮滅後產生的次級電子等。ATIC 是高空氣球實驗，將探測器用氣球上升到幾十公里的高空，探測高能宇宙線粒子，其目的之一是在高空尋找 WIMP 湮滅產生的次級粒子（伽馬射線、正負電子等）。圖 4.2.8 所示為 ATIC1 和 ATIC2 兩次飛行獲得的實驗數據，圖中的紅色點表示該實驗測量到的電子能譜，黑虛線是背景。不難看出，在高能區，ATIC 探測到了超出背景的高能電子，能量在 300~800GeV 區域多達 70 個。如此高能量的電子應該就在地球附近產生，因為高能電子在穿過銀河系磁場中會丟失很多能量。這些超出背景的高能正負電子從哪裡來的呢？如果不是來源於附近的脈衝星，就很可能來源於暗物質。

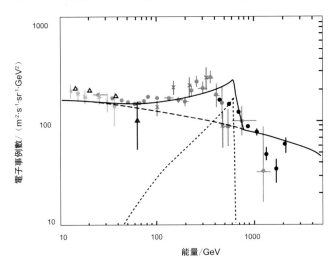

圖 4.2.8　ATIC 測量到的電子能譜

假設這些超出的正電子來源於暗物質粒子的湮滅，還可以

估計出 WIMP 的質量在 600GeV/C^2 左右，粒子密度約 0.43GeV/cm^3，正反 WIMP 粒子湮滅的截面為 1×10^{-23}cm^2。圖中黑實線表示 WIMP 粒子湮滅成電子的能譜。

不幸的是，這些超出的高能電子即使是暗物質粒子的產物，事例數也太少，統計漲落很大，與背景相比沒差多少。

2・PAMELA 發現正電子比例的異常

PAMELA 實驗的目的，是在太空探尋暗物質粒子、反物質粒子和研究宇宙線起源等，特別是透過測量正電子或正電子在正負電子總數中的比例來探測暗物質粒子。

不少間接探測實驗（如 HEATOO、HEAT、CAPRICE 等）都測量了不同能量下，正電子在正負電子中的比例，發現測量高能區的正電子比例有明顯增高，如圖 4.2.9 中的實驗點所示，PAMELA 實驗進一步測量了高能區的正電子比例。

PAMELA 探測器內有磁鐵形成的磁場，當粒子透過磁場時會被磁場偏轉。不同電荷的粒子偏轉的方向不同，從而區分出正負粒子，如正電子和負電子、正電質子和負電質子（正反質子）等。圖 4.2.10 中的紅色實驗點為 PAMELA 測量到的正電子比例，可以看出，在高能區有異常偏高。

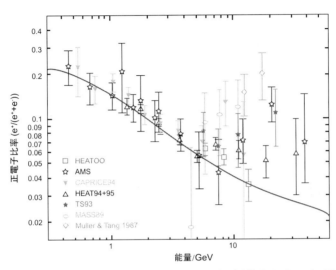

圖 4.2.9 HEATOO、HEAT、CAPRICE 等實驗所測量到，不同能量下正電子的比例

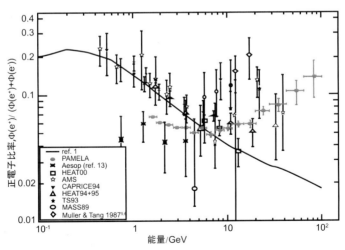

圖 4.2.10 PAMELA 實驗測量到的正電子比例

　　正電子比例高的緣由可能有很多解釋，圖 4.2.11 中的實線代表最簡單的散射理論模型所預言的正電子比例與能量關係，兩條虛線分別代表包括太陽調製效應的散射理論模型中，兩個不同參數提出的正電子比例與能量的關係。不難看出，與實驗數據比較仍然有不少差別。與 ATIC 的實驗中高能電子的超出一樣，會不會有暗物質粒子的成分呢？

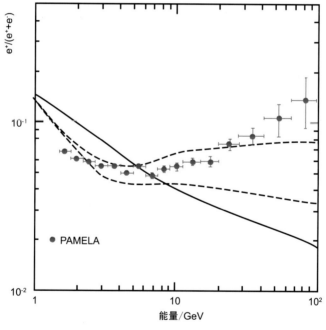

圖 4.2.11　不同能量的正電子比例

　　（圖中紅點為 PAMELA 的實驗結果，三條曲線是不同理論模型提出的分布）

4.3

沒有看到任何「暗物質痕跡」

　　實驗觀察到不少暗物質的跡象，或一些有可能用暗物質解釋的現象，在讓我們受到很大鼓舞的同時，也促使人類投入更多精力到實驗和理論研究。但是，一些實驗不僅沒有任何 WIMP 的跡象，還否定了前面的實驗結論。這讓我們一方面看到暗物質的詭異和神祕，另一方面也看到探尋工作的艱巨，下面介紹幾個代表性的實驗。

SuperCDMS 實驗

　　同樣速度的情況下，WIMP 的質量越小，反衝核的能量越低。要想透過測量反衝核的能譜，尋找小質量的 WIMP，就需要探測器具有測量低能量的能力。SuperCDMS 合作組採用的

暗物質 失落的宇宙

介於「存在」與「不存在」之間，
一本書讀懂 21 世紀最重大的天文學難題

CDMSlite 探測器就可實現該要求，該實驗與 CDMS 一樣，在美國蘇丹地下實驗室進行。

SuperCDMS 實驗與 CoGeNT 實驗一樣，屬於測量反衝核能譜的直接探尋實驗。SuperCDMS 也採用高純鍺半導體偵檢器，不過 CDMSlite 偵檢器為具有放大功能的鍺半導體偵檢器。半導體內部的強電場，可將初始產生的「聲子」數量增加，數量增加的聲子轉換為電訊號並放大幅度，即相對電訊號的雜訊變小，偵檢器的能量閾值更低。

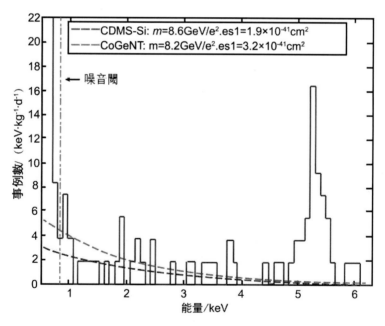

圖 4.3.1　CDMSlite 測量到的能譜

　　圖 4.3.1 所示為 CDMSlite 二〇一四年發表的物理結果，提出了 6keV 以下的能譜，除去 0.7keV 的電子雜訊（圖中豎直的虛線表示）和 5~6keV 之間的背景伽馬射線峰以外，剩下很少的背景，幾乎看不到 WIMP 反衝核的能譜特徵。如果假設 WIMP 的質量和碰撞截面，計算出在鍺晶體中反衝原子核的能譜（圖 4.3.1 中的紅色和綠色的虛線，分別代表 WIMP 的質量為 8GeV 或 $8.2GeV/C^2$、碰撞截面為 $1.9 \times 10^{-41} cm^2$ 和 $3.2 \times 10^{-41} cm^2$ 的能譜）。很顯然，與背景比較還不能證明發現了 WIMP 事例，不過可由此得到該實驗的測量靈敏限。

　　圖 4.3.2 中的黑實線為該實驗給出的排除線，曲線以上區域為該實驗排除掉的區域。此外，圖中也標出了前面講的可能發現 WIMP 的區域：CoGeNT 實驗結果用紅色表示、CRESST 實驗用綠色、DAMA 用咖啡色。由圖可知，以上這些實驗的結果絕大部分位於 CDMSlite 實驗的排除區域，這表明 CDMSlite 實驗否定了他們的結果。

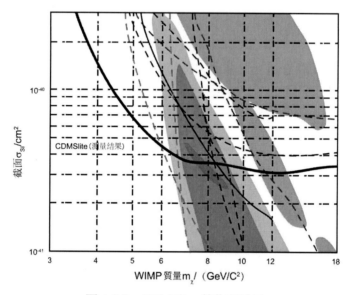

圖 4.3.2　CDMSlite 的物理結果

XENON100 實驗

　　XENON100 實驗在義大利的巨石國家實驗室進行，實驗深度約 1500m。XENON 探測器是兩相液氙時間投影室，透過同時測量電荷和光來去除背景，探尋暗物質。實驗有效氙質量為 65kg，實驗中利用第一次光訊號 S_1 和第二次訊號 S_2 以及它們的比例，區分 WIMP 的核反衝事例和電子反衝的背景事例。圖 4.3.3 所示，為利用中子源和伽馬射線源得到的核反衝事例和電子反衝事例，圖中縱座標為 S_2/S_1 的對數值，橫座標為訊號 S_1（單位為光電子數）。

4.3　沒有看到任何「暗物質痕跡」

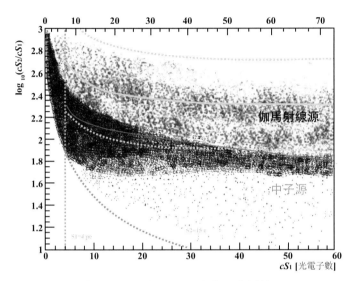

圖 4.3.3　核反衝事例與電子反衝背景事例的 S_1 及 S_2/S_1

　　不難看出，在 S_1 相等的時候，伽馬射線源的反衝電子背景事例的 S_2/S_1 要比核反衝事例大，在圖中的藍色區域；中子源的反衝核事例的 S_2/S_1 比較小，在圖中的咖啡色區域。若 WIMP 真的入射到探測器中，並將原子核反衝出來，該事例應落在咖啡色區域，或者說，暗物質粒子 WIMP 的事例應位於咖啡色區域。

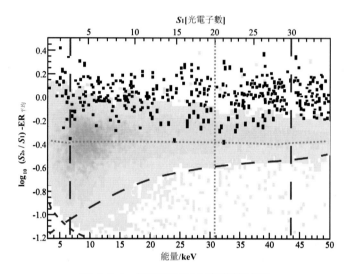

圖 4.3.4　XENON100 實驗的結果

　　圖 4.3.4 所示為二〇一三年 XENON100 發表的實驗數據，圖中縱座標為 S_2/S_1 的對數值，橫座標為能量值（單位為 keV）。圖中 6.6keV 綠色虛線和 43.3keV 藍色虛線畫出了探測能量的範圍。結果顯示：在藍色虛線以上和綠色虛線以下的區域內，即利用中子源標定好的核反衝區域（圖 4.3.3 中的咖啡色區域），沒有發現任何核反衝事例，即沒有發現 WIMP。根據實驗數據採集的時間和探測器中液氙原子核的數量等，只能畫出 10~1000GeV 區間內 WIMP 質量的排除線，如圖 4.3.5 中綠色線帶和黑實線所示，圖中綠色線帶的寬度表示實驗誤差的大小，黑線為該實驗最靈敏的排除線。質量為 100GeV/C^2 時，靈敏度可達到 σ=2×10^{-45}cm^2。此外，圖中還有 CDMS、ZEPLIN 實驗的排除

線，不難看出，XENON100 實驗的靈敏度，在大於 10GeV 的高
質量區最好。

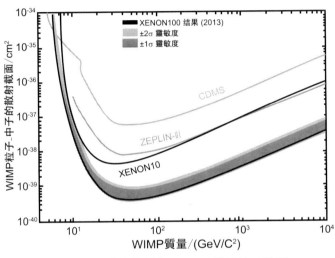

圖 4.3.5　碰撞截面和 WIMP 質量的二維圖

太空實驗 AMS02

除詳細研究宇宙線和探測反物質粒子以外，AMS02 實驗的
一個重要目標是在太空尋找暗物質粒子的蹤影。AMS02 透過測
量 WIMP 粒子湮滅後的產物——正負電子、伽馬等，尋找暗物
質粒子 WIMP 存在的證據。

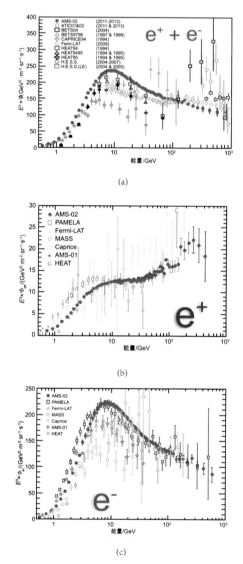

圖 4.3.6　AMS02 在二〇一五年發表的測量結果

（a）AMS02 獲得的負電子和正電子的能譜；（b）和（c）分別是 AMS02 獲得的負電子和正電子能譜

圖 4.3.6 中的紅色實驗點，為 AMS02 於二○一五年發表的測量結果，圖（a）為正電子和負電子的總能譜（0.5~1000GeV），圖（b）分別為負電子和正電子能譜（0.5~1000GeV）。與圖中所示的其他實驗數據相比，AMS02 實驗的統計誤差顯著減少，測量精確度明顯提高。可以說，AMS02 標誌著宇宙線實驗研究進入了高精確度時代。

此外，AMS02 還獲得了 0.5~350GeV 能區的正電子通量與所有正負電子通量的比，即 $\Phi e+/(\Phi e++\Phi e-)$，如圖 4.3.7 所示，圖中紅色數據點為 AMS02 的實驗結果，綠色為 ATIC 結果。

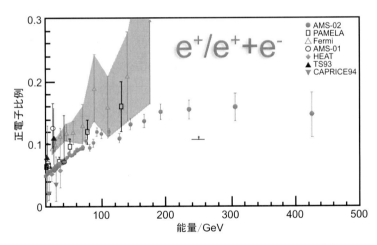

圖 4.3.7　AMS02 和其他實驗測量得到的正電子比例

很顯然，AMS02 實驗中沒有看到 ATIC 或 PAMELA 所觀

察到的現象，正電子比並沒有隨著能量的提高而特別地增加，
AMS02 也沒有證實所謂 ATIC 發現的正電子比的反常超出。

對撞機 LHC 上探尋無果

在能量最大的對撞機 LHC 上人工製造暗物質粒子和探測的
基本思路，已在 3.3 節中做了介紹，這裡僅介紹一個典型的例
子，如圖 4.3.8 所示，正反夸克對撞產生了一對 WIMP 粒子，
同時還有高能伽馬輻射出來。這種只產生一個伽馬的事例，通
常叫做單伽馬事例。對撞區域的探測器可以準確探測到輻射出
的高能伽馬射線，但 WIMP 逃逸出探測器，幾乎不可能探測到
WIMP。圖 4.3.9 所示為該類事例在 ATLAS 中的表現。ATLAS
的最內層為徑跡偵檢器，綠色為測量伽馬射線能量的電磁量能
器，紅色為測量中子等強子的量能器；最外層是測量 μ 探測器。
左圖所示，不僅獲得反應後產生的所有普通粒子和伽馬射線在
偵檢器中的徑跡，還能獲得其能量或動量。右圖所示為伽馬射
線的能量大小。

4.3　沒有看到任何「暗物質痕跡」

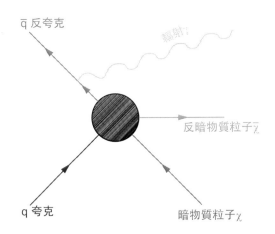

q̄ 反夸克

輻射

反暗物質粒子χ̄

q 夸克

暗物質粒子χ

圖 4.3.8　夸克對撞產生了一對 WIMP 粒子的同時有伽馬輻射出來

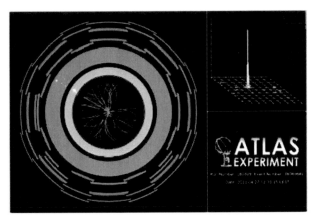

圖 4.3.9　ATLAS 探測器上典型的單伽馬事例

　　雖然我們探測不到 WIMP，但知道對撞前粒子的能量和動量，也可以透過圖 4.3.9 中的徑跡，獲得所有探測到的粒子及伽

馬射線的能量。根據能量和動量守恆，可得 WIMP 所帶走的能量或動量，從而獲得人工產生 WIMP 的跡象。

遺憾的是，對撞中除了 WIMP 產生外，還有很多其他單伽馬反應過程的事例，這些事例中有探測不到的微中子等也會將能量帶走，這些都成為 WIMP 的背景事例，我們必須徹底剔除掉這些單伽馬反應過程的背景事例才行。

圖 4.3.10 是二〇一二年 ATLAS 探測器的數據，圖中縱座標為不同能量下的事例數，橫座標為能量，彩色部分為各種可能的單伽馬反應事例的背景事例，黑點為實驗數據。不難看出，將背景扣除掉後幾乎沒有任何多餘的事例，沒有看到任何 WIMP 的跡象。圖 4.3.10 的下圖是數據與標準模型理論的比，基本在 1 附近，說明沒有標準模型理論以外的意外數據。高能區似乎大於 1，但事例太少，統計漲落很大。

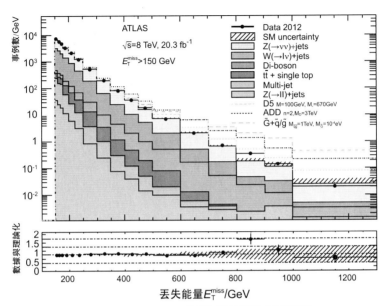

圖 4.3.10　ATLAS 不同能量的單伽馬事例數

　　當然，這只是在 LHC 上探測 WIMP 的一個例子，實際上科學家們對很多可能的反應都做了大量的探測工作，但到目前為止仍然是探測無果。

4.4

目前還很難回答的問題

　　是否觀測到暗物質粒子、或得到暗物質的質量與作用截面等，均可以用截面－質量的二維座標來表示。下面分別看看直接探尋、間接探尋和加速器產生，三個方向研究的目前結果。

　　圖 4.4.1 中基本上彙總了二〇一四年之前，所有國際直接探測暗物質粒子 WIMP 的狀況，圖中的縱座標為交互作用截面，橫座標為暗物質的質量。如果實驗中獲得了暗物質的訊號，就能得到暗物質的質量範圍以及相應的交互作用截面，並標識在圖中。圖中標有 DAMMA 字樣的，是 DAMMA 組依據年度調製效應得到的結果；標有 CoGeNT 字樣的，是 CoGeNT 利用 HPGe 偵檢器的能譜測量提出的結論。圖中還標有幾條曲線，分別是 CDMS 和 XENON100 得到的排除線。表明他們沒有看到

WIMP 的訊號，只能提出其實驗所能達到的靈敏度上限。曲線上方區域為被該實驗排除的區域，即暗物質粒子不可能出現的區域；曲線下方為還不能排除的區域，即如果宇宙中真有暗物質，也應該在曲線下面。

　　不難看出，各實驗結果在低質量區域表現出明顯的矛盾，有些實驗得到的可能暗物質粒子質量和相應的作用截面，在另一些實驗中則處於排除區域；在高質量區，所有實驗發表的結果，都只得到了排除線，且均未看到任何暗物質。

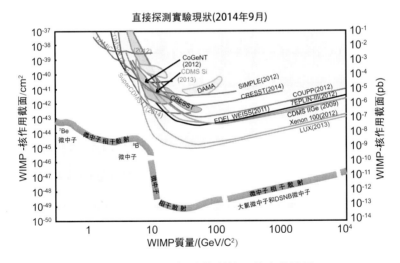

圖 4.4.1　直接探測暗物質粒子的實驗結果

　　到目前為止，低質量區雖然有觀察到 WIMP 跡象的直接探測實驗（圖中的彩色區域），但尚未真正被承認，基本上均被另外一些實驗排除；在質量高的區域實驗結果沒有矛盾（圖中

的綠色區域），雖然實驗的靈敏度很高（作用截面的靈敏度達到 10^{-44}cm^2），但都沒有發現任何 WIMP 的跡象。低質量區實驗結果存在矛盾，靈敏度也很差，這與實驗的探測方法、測量精確度及實驗條件有很大關係，因此該區域依然是人們非常關注的區域。

圖 4.4.1 中下部的黃色部分，為存在太陽微中子、大氣微中子和超新星微中子背景的區域。若實驗的靈敏度達到這個區域，會存在微中子背景干擾，為直接探測 WIMP 帶來新的難題，而目前的探測活動還沒有深入該範圍。

黃色和綠色之間很大的空白部分，是目前實驗還沒有達到的區域，也是將來實驗探尋 WIMP 的廣大戰場。探測手段必須向壓低背景、提高靈敏度、降低能量測量閾等方向努力，為此科學家們提出了很多改良的實驗方案或新技術。相信在不久的將來，在暗物質直接尋找和研究方面可能取得突破性進展。

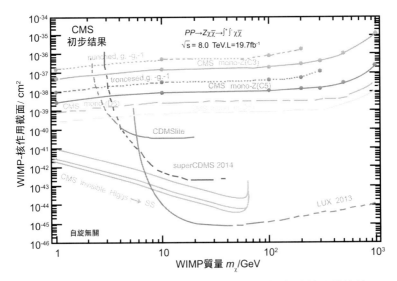

圖 4.4.2　CMS 實驗結果和 CDMS 等直接探測實驗結果的比較

在加速器 LHC 上尋找暗物質粒子方面，雖然兩大探測器
CMS 和 ATLAS 都從各種不同反應途徑尋找 WIMP，但均無建
樹，目前只能得到可能的靈敏度或排除線。圖 4.4.2 所示為 CMS
目前的結果。與一些直接探測實驗結果（如 CDMSlite、LUX 等）
比較，CMS 實驗結果在高質量區較差，但在低質量區較好。

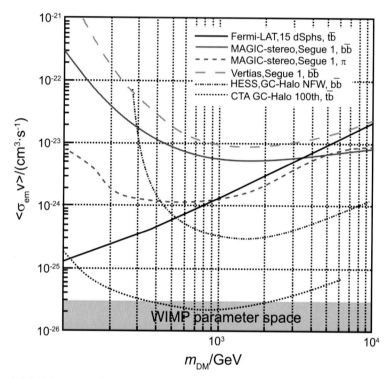

圖 4.4.3　Fermi-LAT、MAGIC、HESS 等間接探測 WIMP 的結果

　　同樣，間接探測 WIMP 的幾個實驗也沒有真正獲得 WIMP 的證據，也只能得出排除線。圖 4.4.3 所示分別為 Fermi-LAT、MAGIC、HESS 等實驗探測的結果。

4.5

展望未來

在過去幾十年裡，暗物質直接探尋實驗蓬勃發展，主要表現在以下三個方面：

(1) 探測實驗方法多種多樣，如能譜測量、調製效應（時間譜）測量、單事例挑選等。

(2) 探測技術種類繁多，如游離測量、游離和聲子同時測量、游離和閃爍光同時測量、閃爍光測量、反衝核徑跡測量等。

(3) 實驗靶的質量不斷增加，例如，同時探測游離和聲子的實驗CDMS，靶質量從幾百克發展到幾公斤；DAMA 或 KIMs 探測器的晶體質量，也從幾十公斤提高到幾百公斤。

這些探測實驗的發展，基本圍繞著三個中心目標：首先是增加探測器介質的質量，以提高探測的靈敏度。由於 WIMP 與核發生碰撞的事例的多寡與靶核的數量成正比，若靶核的質量增

加 10 倍，發生碰撞的事例也將增加 10 倍；其次是降低探測的能量閾。因為反衝核的數量隨能量的降低而增加，探測器的能量閾越低，靈敏度就越高，越有利於低質量 WIMP 的探測。為此，必須不斷改進探測器的設計，和減少前端電子雜訊，同時要不斷提高辨別核反衝與電子反衝背景的能力和效率。

不幸的是，這三個方面相互矛盾，相互制約，沒有哪一種探測方案十全十美。能量閾低的實驗可能沒有優良的背景解析能力；有背景解析能力的實驗能量閾太高；而能量閾比較低、背景解析能力好的探測器的質量和規模，又會受到很大限制。為解決矛盾出現了採用各種不同探測方法的暗物質探尋實驗，雖然百花齊放、各顯神通，但也不免出現矛盾分歧，同時也給未來的探測帶來很大挑戰。

雖然幾十年的努力沒有真正探測到暗物質粒子 WIMP，各國科學家並沒有灰心或氣餒，更沒有停下探索的腳步，繼續朝著更大規模、更大範圍、更多方法和更高靈敏度的探尋方向努力。圖 4.5.1 中的虛線表示未來一些 WIMP 直接探測實驗預計的探尋範圍，和計劃要達到的探測靈敏度，它將覆蓋圖 4.4.1 中的整個空白區域。如果 WIMP 真的在這空白區域，就一定能「挖掘」出來。

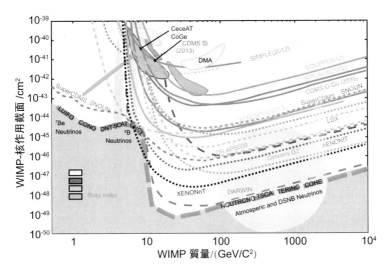

圖 4.5.1　WIMP 直接探測未來一些實驗預計可能達到的靈敏區域

更大規模的探測

　　觀察碰撞的直接探測暗物質實驗中，WIMP 的數量和碰撞機率，在一定情況下發生碰撞的事例與原子核的數量成正比。因此，擴大規模或增加探測器介質的質量，必然會提高 WIMP 與探測器介質原子核碰撞的機會，提高探測的靈敏度。過去的幾十年間，實驗規模雖有擴大，但結果顯示依然不夠。為此，各試驗組都提出了雄心勃勃的規劃。

　　最具有代表性的實驗是 XENON，圖 4.5.2 是其實驗探測器從 10kg 到噸量級的發展歷程。XENON 採用液氙探測實驗方式，二〇〇五年，第一代 XENON10 探測器的液氙總質量為

25kg，其中有效質量只有 10kg；二〇〇七～二〇一五年間，
XENON100 的總質量為 161kg，用於物理分析的有效質量約
62kg；現在已開始設計建造質量為 3t 的 XENON1T 探測器；並
預期 2018 年推出下一代更大的 XENONnT 探測器。圖 4.5.3 所示
為 XENON1T 探測器的基本結構，其主要結構包括：低溫恆溫
器（cryostat），裡面是被不斷純化的高純液態氙和光電倍增管陣
列 HAMAMATSU R11410；恆溫器與液氙之間是能夠在液氙中產
生均勻電場的「場籠」（field cage），以及其他支持系統，如製冷
機、純化系統等。

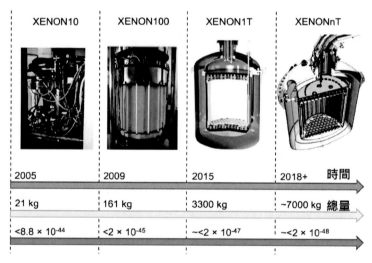

圖 4.5.2　XENON 實驗探測器的發展進程

DarkSide 實驗組採用液氬做探測器，並在小規模探測器取得
經驗後，不斷增加探測器質量，從二〇一一年～二〇一三年，

10kg DarkSide10 探測器發展到目前的 50kg（DarkSide50 探測器），並計劃在未來增加到 20t（DarkSide10-20K 探測器）。

另外，美國 Sanford 地下實驗室的 LZ 合作組，準備建設更大質量的液氙探測器，其總質量預計達到 7t。

圖 4.5.3　XENON1T 探測器結構

更低能量的搜尋

在直接測量中，WIMP 反衝核的能量越低，其核反衝的機率就越大。也就是說，低能量反衝核的事例要比高能量的多很多。如果探測器能夠測量很低能量的反衝核的話，即同樣提高探測的靈敏度，其效果和增加質量類似，當然也有利於對小質量 WIMP 粒子的探測。

　　最典型的直接探測實驗的例子是 CDMS。CDMS 的探測單位和組裝後的 6 組探測器照片見圖 4.5.4。每個探測單位質量約 250g，共 30 個探測單位，總質量為 7.5kg 左右。二〇〇九年，CDMS 升級為 SCDMS（Super CDMS，見圖 4.5.5），每個探測單位的厚度從 1cm 增加到 2.54cm，直徑為 3 英吋，每個單位的質量達 620g，結構也有了變化。其目的是在提高對背景事例解析能力的同時，將能量測量值下降至 300~400eV。二〇一一年，新的探測器已經安裝了 10kg，其最終的目標為 200kg。

　　此外，還發展了超低能量下限的探測器 CDMSlite。這種半導體偵檢器的內部有很強的電場，對訊號有放大作用，雖然沒有背景事例解析能力，但可以將測量的能量值下降至 56eV。

圖 4.5.4　CDMS 的探測單位和裝好的 6 組探測器

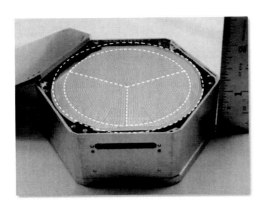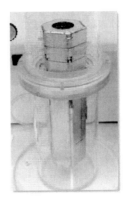

圖 4.5.5　SCDMS 的探測單位和裝好的第一組探測器

採用更新的方法

除了增加質量提高效率之外，發展和採用新的探測方法，也是探尋 WIMP 的一個重要方向。相對於在銀河系中一定位置運轉的地球，銀河系中瀰漫的 WIMP 就形成了定向的流，就像 WIMP「風」。如圖 4.5.6（a）所示。考慮到地球自轉，不同時間的 WIMP「風」的風向有很大變化：早上六點鐘，WIMP 風垂直於地球表面；下午六點鐘，則與地面平行，如圖 4.5.6（b）所示。很顯然，只有獲得反衝核的方向或徑跡，才可能推導出 WIMP 進入探測器的方向，即透過「日調製效應」，發現暗物質粒子必須具有定向測量或徑跡測量的能力。

實際上，若有了定向測量或徑跡測量能力，反衝核能譜測量也將提高辨別背景事例的靈敏度。因此，一個重要趨勢是發展定向測量或反衝核徑跡測量的探測技術。採用氣體時間投影室 TPC，直接定向測量暗物質的實驗有 DRIFT、DMTPC、MIMAC、NEWAGE、D3 等；採用徑跡測量的過熱液體探測器實驗有 COUPP、PICASSO、SIMPLE 等；也有測量反衝核徑跡的核乳膠探測器實驗，如 NAKA 等。

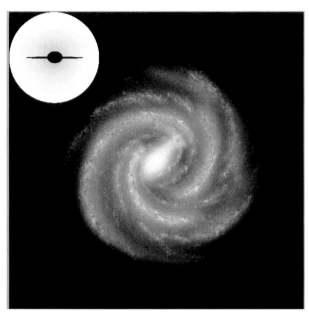

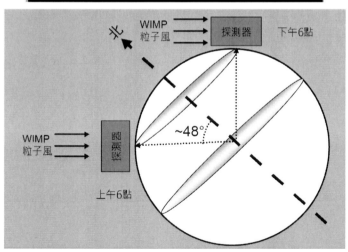

圖 4.5.6　銀河系中的地球和 WIMP「風」

　　DMTPC 實驗採用四氟化碳（CF4）氣體的時間投影室（TPC），圖 4.5.7 所示為其工作原理示意圖和探測器照片。DMTPC 實驗是一個典型的徑跡測量實驗，WIMP 進入 TPC 將 CF_4 氣體游離，反衝核在低氣壓的 CF_4 氣體中留下很長的徑跡，徑跡周圍的氣體被游離，並產生次級電子。CF_4 還是一種閃爍氣體，這些電子在 TPC 的電場作用下漂移到強電場區，產生大量的次級電子的同時，也產生大量螢光。一方面，雪崩放大的電荷被收集獲得游離訊號；另一方面，螢光被感光耦合元件 CCD 獲得徑跡位置。這樣不僅可以透過測量游離得知反衝核的能量，還可以透過 CCD 得到在 TPC 中的漂移徑跡，從而獲得反衝核的方向。

　　不過，一些探測技術目前還處於試驗嘗試階段，或原理性驗證階段，既沒有開始正式探測暗物質，也沒有得到很好的物理結果，這裡不再贅述。

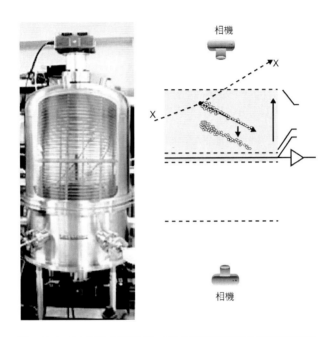

圖 4.5.7　DMTPC 實驗的工作原理示意圖和探測器照片

擴展探尋的範圍

　　間接探測暗物質的實驗同樣也在蓬勃發展，一些正在運行的項目，包括在地面或太空測量高能伽馬射線的望遠鏡、在衛星上測量太空的正負電子和其他粒子能量的能譜儀，以及在地下或水下測量微中子的「望遠鏡」等，還有一些是正在籌劃中的實驗項目。表 4.5.1 中列出了部分正在運行或探測暗物質湮滅的間接太空實驗，它們主要測量暗物質湮滅所產生的正負電子、

暗物質 失落的宇宙
介於「存在」與「不存在」之間，
一本書讀懂 21 世紀最重大的天文學難題

正反質子等。二〇一五年十二月，中國發射升空的暗物質探測器，該探測器的名稱是暗物質粒子探測器 DAMPE（Dark Matter Particle Explorer）；二〇一五年十二月十七日，酒泉衛星發射中心用長征二號丁運載火箭，將暗物質粒子探測衛星「悟空」（其上裝有 DAMPE）發射升空，圖 4.5.8 為衛星發射時的照片。

表 4.5.1 正在運行的和將要發射的幾個間接探尋暗物質的太空實驗

探測器名稱	主要觀測對象	探測器類型	發射時間
Pamela（歐）	反質子、正電子	磁譜儀	在軌（2006 年）
PERMI（美）	伽馬、電子	量能器	在軌（2008 年）
AMS02（歐、美）	反質子、正電子、伽馬	磁譜儀	2011 年
CALET（日）	伽馬、電子	量能器	2013 年
DAMPE（中）	伽馬、電子	低本底探測器	2015 年
OASIS（美）	伽馬、電子、質子	超大型高解析探測器	2020 年（預計）

DAMPE 的最大特點，是擴大了對正負電子和伽馬射線能量測量的範圍，它對更高能量電子或伽馬射線具有很高的探測效率和較優秀的粒子解析能力。圖 4.5.9 所示為 DAMPE 主要部件示意圖，從上到下依次為頂部的塑膠閃爍條陣列探測器（用來測量和辨別帶電粒子）、六層矽徑跡偵檢器（用來測量帶電粒子的徑跡）、鍺酸鉍 BGO 晶體量能器（用來測量電子或伽馬射線能量），最下面是專門辨別中子的中子探測器。四種探測器組合起來完成測量帶電粒子徑跡、電子或伽馬射線的能量，並解決

對不同粒子（不同帶電粒子、伽馬射線及中子）的解析問題。能量測量範圍從 10GeV 到幾個 TeV。圖 4.5.10 為 DAMPE 發射前的照片。「悟空」的工作軌道為高約 500km 的太陽同步軌道，升空後的各探測器工作正常。

圖 4.5.8　二〇一五年十二月十七日中國衛星發射 DAMPE

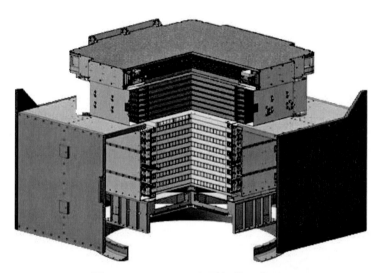

圖 4.5.9　DAMPE 主要部件示意圖

圖 4.5.10　發射前的 DAMPE 照片

　　表 4.5.2 列 出 了 ATIC、PAMELA、FERMI-LAT、AMS、CALET 及 DAMPE 的性能，包括能量測量範圍、能量解析度以及電子／質子 (e/P) 辨別能力。可見，DAMPE 的性能有了明顯提升，這將非常有利於探測暗物質粒子的湮滅產物。

表 4.5.2　幾種間接探測器的性能比較

探測器	能量測量範圍 /GeV	能量解析度 /%	e/p 辨別能力
ATIC1+2 (+ATIC4)	10~1000	<3(>100 GeV)	約 10000
PAMELA	1~700	5@200GeV	10^5
FERMI–LAT	20~1000	5~20(20~1000GeV)	10^4~10^3(20~1000GeV)
AMS	1~1000	約 2.4@100GeV	10^4
CALET	1~10000	2~3（>100GeV）	約 10^5
DAMPE	1~10000	約 1（>100GeV）	10^5~10^6

　　擴大能量測量的範圍，對於暗物質的探尋工作非常有意義。如果 WIMP 的質量很大，湮滅後的粒子能量將很高，那麼這些粒子能譜的形狀如圖 4.5.11 中的紅線所示，在接近 WIMP 質量的能量區域會有一個很陡的下降；而其他宇宙線背景能譜的下降都很平緩（圖中藍線所示）。探測器的探尋範圍只有能夠測量到這一陡降的部分，才能將背景與暗物質粒子訊號區別，而且還可以從能譜陡降的能量值獲得暗物質粒子的質量。

暗物質 失落的宇宙

介於「存在」與「不存在」之間，
一本書讀懂 21 世紀最重大的天文學難題

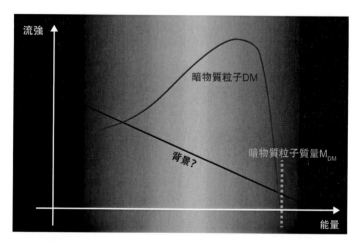

圖 4.5.11　暗物質湮滅產生的粒子和背景的能譜

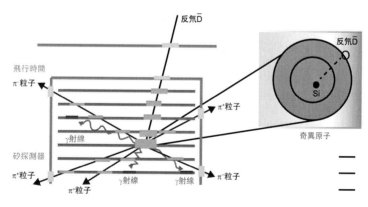

圖 4.5.12　GAPS 探測 WIMP 粒子湮滅後產生的反氘（D）工作原理

此外，擴大探測粒子的種類也是一個重要方面，前面講的間接測量實驗，都是測量 WIMP 粒子湮滅產生的質子、電子或伽馬等。而 GAPS 實驗則探測 WIMP 粒子湮滅後產生的反氘（D）。我們知道，氫（H^1）的同位素是氘（H^2），氫（H^1）的原子核只有一個質子，而氘的原子核由一個質子和一個中子組成。氘對應的反物質是反氘，其原子核擁有一個反質子及一個反中子。圖 4.5.12 所示為 GAPS 實驗的工作原理示意圖，反氘（D）進入探測器中的矽半導體像素探測器 Si（Li）中，被 Si 原子俘獲形成奇特原子，不穩定的奇特原子很快衰變，並放出多個伽馬射線和帶電 π 粒子，透過探尋伽馬射線和 π 粒子獲得對 WIMP。圖

圖 4.5.13　GAPS 探測器的照片

4.5.13 為探測器的照片。顯然，幾乎沒有什麼背景粒子或射線可以形成奇特原子，這種實驗方法的背景很少，也具有優良的背景解析能力。不過，WIMP 粒子湮滅後產生反氘（D）的機率不會大，反氘（D）在探測器中形成奇特原子的機會也不多，再透過測量奇特原子的衰變產物，從而實現探尋 WIMP，整個實驗的完成將極其困難。

暗物質 失落的宇宙

介於「存在」與「不存在」之間，
一本書讀懂 21 世紀最重大的天文學難題

小結

探測暗物質的實質是要回答兩個最基本的問題：第一，暗物質粒子與普通粒子有無引力以外的交互作用；第二，如果有的話，其作用機率或作用截面有多大？交互作用中暗物質粒子的質量是多少？因此，暗物質的探測可看作在「作用截面和暗物質粒子質量」的二維空間中尋找可能的區域或位置。

一些直接探測實驗透過反衝核的個別事件特徵、能譜測量或「年調製效應」的特點等，宣稱找到了暗物質粒子的跡象。儘管誤差很大，也還是得到了在「截面－質量」二維空間中的位置。但是，也有不少實驗得到了相反的結論，即沒有看到任何暗物質粒子的實驗證據，只能畫出實驗的排除線。

目前，是否找到暗物質粒子依然是一個很難回答的問題，但還有很大的空間有待探測。為此，不論是直接的還是間接的探測實驗都制定了長遠的計畫，準備開展更大規模的探尋和更低能量的搜尋，也有另一些實驗將採用更新的方法或更靈敏的手段擴展探尋的範圍。相信在不久的將來，一定可以撥開暗物質這塊「烏雲」，實現物理領域的重大突破，還物理領域一片藍天。

附錄
在世界最深的地下尋找暗物質

CJPL 開展的
兩個直接探測暗物質的實驗

　　宇宙線無處不在，直接探測暗物質的實驗必須在地下進行。原初宇宙線與大氣原子核作用產生了大量次級粒子打到地面，其主要成分是 μ 子、質子、電子、微中子等，平均每天每平方公尺的宇宙線粒子約 10^7 個。宇宙線對暗物質實驗的危害極大，一方面，宇宙線高能粒子本身就是有害的背景；另一方面，宇宙線在探測器周圍及在探測器介質上會產生次級粒子，例如在周圍的岩石、封鎖體及探測器等材料上打擊出不少次級伽馬射線和中子。特別是中子的影響，中子與探測器靶核彈性碰撞，所產生的反衝核的特徵與 WIMP 相似，而作用機率比 WIMP 要高幾十個量級，危害極大；另外，宇宙線會使得用來探測暗物

質粒子的探測器自身也被「活化」，使本來很穩定的探測器介質變成有放射性的介質，造成幾乎無法扣除的背景。

基於這些原因，所有需要極低輻射背景的實驗，如微中子實驗、暗物質實驗、雙 β 衰變、極低機率的核反應測量等稀有事件的實驗，都必須到宇宙線少的地下探測。這是因為宇宙線粒子的能量太高，人工搭建再厚的封鎖體也無能為力，也承受不起，而宇宙線穿過厚厚的地層就會大大減弱。為此，世界各地建設了不少地下實驗室，借助岩石土層將宇宙線阻擋在外（見表 3.1.1 和圖 3.1.4）。

以中國為例，為尋找暗物質和開展其他極低背景物理實驗研究，中國在四川涼山自治州修建了世界最深的地下實驗室——錦屏地下實驗室 CJPL（China Jin Ping Underground Laboratory），於二〇〇九年六月啟動，二〇一〇年一月岩石挖掘工作全部完成。同年，在韓國的高純鍺探測實驗轉移到 CJPL 進行，以清華大學為主的 CDEX 暗物質項目組正式在 CJPL 開始實驗，這也是錦屏地下實驗室開展的第一個暗物質實驗項目。

CJPL 雖然很深，但面積不大，目前只能安排兩個暗物質實驗，分別為 CDEX 和 PANDAX。

CDEX 實驗

CDEX 是採用高純鍺偵檢器來探尋暗物質粒子 WIMP 的實驗（見 4.1 節），也是透過反衝核能譜來辨別暗物質粒子的實驗。

實驗 CDEX 的主要物理目標是尋找質量在 10GeV（大約相當於 10 個質子質量）以下的 WIMP。

基於低輻射背景、高能量解析、大質量密度以及可靠穩定的工作能力等優勢，CDEX 選擇了高純鍺偵檢器，特別是低雜訊的點電極結構高純鍺偵檢器，將探測的閾值（可以探測的最低能量）降低到 300eV 左右，從而能夠高效率尋找質量低於 10GeV 的 WIMP。再加上 CJPL 良好的低宇宙線背景環境和很好的封鎖體設計，為深入開展暗物質實驗研究奠定了基礎。

CDEX 實驗組於二〇一一年開始先導實驗。第一個偵檢器 CDEX-0 為 20g 質量的超低能量閾的陣列偵檢器，由 4 個 5g 單位偵檢器組成。偵檢器先在臺灣地表實驗室測量獲得約 220eV 的能量閾值，並在 2007 年發表了低質量暗物質測量的結果。二〇一二年起，該偵檢器在 CJPL 進行實驗。實驗得到 177eV 的能量閾值，截止至二〇一三年 9 月共累計 0.784kg·d 的有效數據。經數據處理和物理分析，在 10GeV 以下的質量區域獲得了比 2007 年更好的結果。CDEX-0 的實驗成功，為 CDEX-10 陣列式點電極高鍺偵檢器（PPCGe）累積了經驗。

二〇一一年，CDEX 實驗組研發了探測器 CDEX-1，開始了 1kg 點電極高鍺偵檢器（PPCGe）的實驗。CDEX-1 是 CDEX 合作組自主設計定製的偵檢器，也是國際上單體質量最大的 PPCGe 偵檢器。圖 5.1.1 為 1kg 點電極高純鍺偵檢器 CDEX-1 的實驗裝置照片。裝置外部只能看到封鎖體和相關的電子學系

統，所有探測器都在封鎖體內。圖中左下角所示為封鎖體內的探測器和液氮杜瓦罐等。二〇一二年六月起，CJPL 開始了第一階段暗物質實驗運行。截至二〇一二年九月，累積了約 15 天的有效數據，經初步分析得到測量能譜。從能譜分布可以清晰地看到偵檢器自身的宇生放射性核素所造成的背景，此外還得到 400eV 的能量閾值，這兩點不僅表明實驗工作正常，而且具有很低的閾值。

圖 5.1.1　基於 1kg 電極高純鍺偵檢器 CDEX-1 的實驗裝置

經保守的背景扣除，得到了低質量區域較好的探測靈敏度。雖然沒有觀察到暗物質的跡象，但在「粒子質量－反應截面」二維參數空間中畫出了排除線。

在二〇一三年的 CDEX-1 的實驗測量中，採用了用來扣除背景事例的反符合探測技術，開始了第二階段的實驗運行。至二〇一四年一月，共累積了約 50 天的有效數據。透過和第一階段的實驗比較，由於採取了反符合探測技術，第二階段實驗的確有效降低了背景。再加上精細的背景事例篩選、分析和扣除，得到了「粒子質量－反應截面」二維參數空間中的新排除線，並於二〇一四年發表。圖 5.1.2 所示為 CDEX-1 合作組發表的物理結果，圖中黑色虛線為二〇一三年結果，紅色實線為二〇一四年結果；圖中紫色區域為美國 CoGeNT 實驗結果確認的有暗物質跡象的區域。很明顯，CDEX-1 的實驗結果排除了使用同樣探測技術的 CoGeNT 實驗結果。

二〇一六年，CDEX 又發表了更新的物理結果（見圖 5.1.3 中黑實線），其靈敏度比二〇一四年的又有明顯提高。

CDEX 實驗的第二步，是建立 10kg 的陣列探測器 CDEX-10，採用 10kg 量級點電極高純鍺偵檢器陣列來開展 WIMP 實驗研究。該陣列由十多個 1kg（或 0.5kg）偵檢器組成，總質量約為 10kg。整個偵檢器陣列浸泡在反符合液氬探測器中。圖 5.1.4 所示為偵檢器結構原理示意圖和結構圖。液氬探測器由裝在杜瓦瓶內的液氬和頂部的一組光電倍增管構成。製冷機使液氬保持在 87K，這也是保證高純鍺偵檢器工作的溫度。

5.1　CJPL 開展的兩個直接探測暗物質的實驗

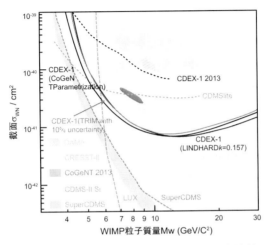

圖 5.1.2　CDEX 二〇一三年、二〇一四年發表的物理結果

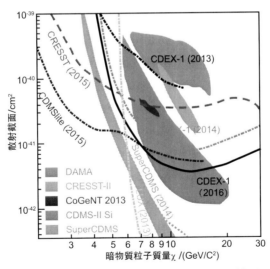

圖 5.1.3　CDEX 二〇一六年發表的物理結果

　　若 WIMP 進入高純鍺偵檢器陣列中的任何一個探測器都會被記錄下來，這提高了探測 WIMP 的效率。來自外部的輻射背景（如伽馬射線或帶電粒子），不可能直接進入高純鍺偵檢器陣列，必須經過液氬探測器，這些背景射線或粒子一旦進入液氬探測器，就會在液氬中產生螢光，偵檢器頂部的光電倍增管將螢光轉換成電訊輸出，並被記錄為背景訊號，這樣就可以有效扣除背景事例，即「主動封鎖」功能。

　　此外，中子在液氬中產生的訊號波形與伽馬背景訊號波形有很大差別，利用這一差別也有可能將中子事例挑選出來，這對扣除探測器內中子背景更有利。實際上，從高純鍺偵檢器陣列出來的背景射線進入到液氬探測器，也會成為背景訊號被記錄下來，進一步實現對背景的扣除。

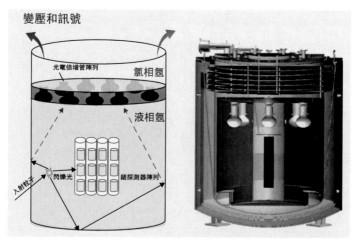

圖 5.1.4　CDEX-10 探測器原理示意圖及其結構圖

5.1　CJPL 開展的兩個直接探測暗物質的實驗

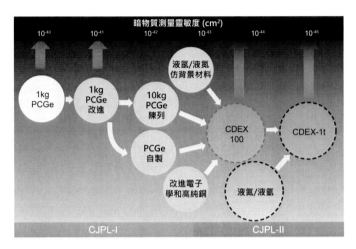

圖 5.1.5　CDEX 探測器從 1kg 到 1t 的發展規劃

　　CDEX 實驗組還計劃建造浸泡在液氮（或液氬）中 100~1000kg 的高純鍺偵檢器陣列 CDEX-100 和 CDEX-1t。前者是由約 100 個 1kg 高純鍺偵檢器構成的陣列，後者是由約 1000 個 1kg 高純鍺偵檢器構成的陣列，從而可將探測暗物質粒子 WIMP 的靈敏度提高到更高水準。圖 5.1.5 所示為 CDEX 從 1kg 到 1t 的發展規劃和不同階段可能達到的測量靈敏度。由圖可知，10GeV/C2 質量範圍的靈敏度可從 10-40cm2 提高到 10-45 cm2，這意味著如果 WIMP 與普通粒子的作用截面，大於偵檢器所預期能達到的靈敏度，就能夠真的「發現」WIMP，並且推算出 WIMP 的質量及其與普通粒子作用截面的大小，進而獲得 WIMP 與普通粒子的交互作用強度。當然，CDEX-100 或 CDEX-1t 偵檢器的規模較大，只能在空間更大的 CJPL-II 中進行。

PANDAX 實驗

PANDAX 是在 CJPL 進行的第二個直接尋找 WIMP 的實驗，圖 5.1.6 為 CJPL 內的 PANDAX 探測器照片。

PANDAX 組採用兩相液氙探測器，可同時測量游離和閃爍光。PANDAX 的最終目標是建立幾十噸的液氙探測器，從而測量較寬質量範圍的 WIMP 和普通粒子交互作用的截面。為達到這一目標，計劃分三階段進行。

圖 5.1.6　CJPL 內的 PANDAX 探測器照片

第一階段（PANDAX-1a），設計建造體積較小的液氙時間投影室，室內液氙的有效質量約 50kg，探測閾值較低，目的是尋找或測量低質量的 WIMP；第二階段（PANDAX-1b），計劃將液氙的有效質量增加到 500kg。這兩個階段採用同一個液氙時間投

影室，只是液氙的有效質量不同。

在不鏽鋼容器內，底部和頂部布有光電倍增管，頂層為 143 個 R8520PMT（褐色部分），底層為 37 個 R11410PMT（灰色部分）；在兩層光電倍增管中間為液體氙（圖中紫色部分）。圖 5.1.7（a）所示為第一階段探測器，圖（b）為第二階段探測器，兩者結構幾乎一樣，只是液氙用量有很大不同。

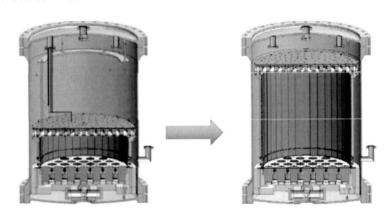

圖 5.1.7　PANDAX 兩相液氙探測器結構示意圖

PANDAX 於二〇一五年發表了實驗結果，結果中沒有發現有意義的 WIMP 事例，只得出了排除線（見圖 5.1.8，圖中紅線是 PANDAX 二〇一五年結果）。

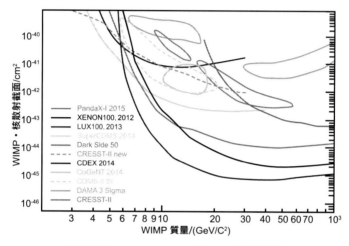

圖 5.1.8　PANDAX 二〇一五年的結果

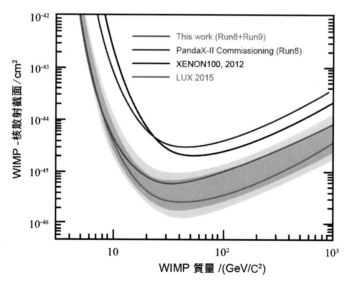

圖 5.1.9　PANDAX 二〇一六年物理結果

5.1　CJPL 開展的兩個直接探測暗物質的實驗

《高能物理與核物理簡報》報導了 PANDAX 二期實驗的運行結果：PANDAX 二期使用 1.2t 的液氙，探測靈敏區的液氙達580kg，是當時世界上最大、單位時間最靈敏的運行中的暗物質探測器。該探測器在二〇一五年年底運行 19 天的實驗靈敏度，達到 XENON100 運行 225 天的實驗靈敏度，比 PANDAX 一期實驗（二〇一四年發表）的一個物理結果的靈敏度高了一個數量級。該實驗在 19d×306kg 的曝光量中沒有發現超出背景的暗物質事例，對 45GeV 暗物質粒子和核子的散射截面的上限達到 $3×10^{-45}$cm^2，對 6~25GeV 質量區間的暗物質－核子的散射截面的上限也好於美國 LUX 實驗（95 天的結果）。PANDAX 二期的最新結果在二〇一六年 2 月 16 日的 UCLA 的國際暗物質會議上首次公開，該物理結果如圖 5.1.9 中的紅線所示，比二〇一五年的結果大大提高。

PANDAX 第三階段（Phase III），計劃設計建造一個氣體氙時間投影室，質量達 200kg 至 1t，其目標是研究無微中子的雙 β 衰變；第四階段（Phase IV）計劃建造近 20t 的液體氙時間投影室，繼續探測與研究暗物質。將液氙的有效質量增加到噸量級可實現對 WIMP 更靈敏的探測。圖 5.1.10 中列出了 PANDAX 的發展計畫。很顯然，第三和第四階段實驗只能在錦屏地下實驗室二期（CJPLII）中進行。

暗物質 失落的宇宙

介於「存在」與「不存在」之間，
一本書讀懂 21 世紀最重大的天文學難題

Phase I: 120 kg DM
2009-2014

Phase II: 500 kg DM
2014-2017

Phase III: 200 kg to 1 ton
^{136}Xe 0vDBD
2016-

Phase IV: 20 ton DM
2019-

圖 5.1.10　PANDAX 發展計畫

5.2

CJPL 的未來發展 —— CJPL-II

　　CJPL 有最厚的岩石覆蓋、低輻射背景的岩石結構,與便利的隧道通行及完善的工作和生活設施;但是,CJPL-Ⅰ的總容積僅 4000m3,遠不能滿足極深地下實驗的空間要求,故規劃建設一個更大空間、能容納更多實驗的 CJPL 二期項目,成為學界共識。

　　雖然 CJPL-II 還在建設中,但已經有不少暗物質研究和其他稀有事件的物理研究開始醞釀,包括 CDEX-II、PANDAX-II 等;此外,計劃和討論中的雙 β 衰變、太陽微中子實驗等也都希望能在 CJPL-II 中進行。

1・CDEX-II

　　CDEX-II 實驗中採用高純鍺偵檢器陣列作為實驗探測器，準備將幾百公斤、甚至 1000kg 的高純鍺陣列浸泡在近 1500t 的液氮中，以實現對暗物質的高靈敏度探測。實驗裝置及其在 CJPL 中的安排如圖 5.2.1 所示，液氮罐的直徑約 16m，高 18m，計劃在實驗室內挖一個直徑約 18m、深 14m 的地穴，將整個液氮罐坐放在地穴內。圖中黃色部分示意高純鍺偵檢器陣列，藍色為罐中的液體氮，系統工作溫度為 -196℃（77K）。實驗大廳的地面上安排有低溫製冷系統、設備吊裝系統、電子學及控制系統等。雖然 CDEX-II 的實驗原理和裝置結構與 CDEX-10 類似，但規模的擴大很可能會給探測技術和工程建造帶來難以預想的困難。

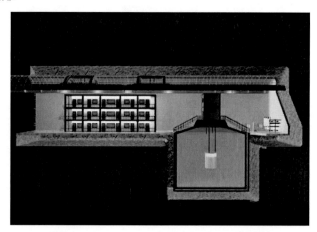

圖 5.2.1　CJPL-II 中的 CDEX-II 探測器

2・JUNA

另外一項將在 CJPL-II 中開展的重要實驗是 JUNA 一期
（JUNA- Ⅰ），旨在直接測量恆星演化過程中的關鍵核反應。

JUNA 準備在 CJPL-II 的超低背景環境中，建設高強束流加
速器及高解析伽馬射線能譜儀，對伽莫夫能區附近（質心系能
量 600keV）的 12C（α, γ）16O 核反應直接測量。

12C（α, γ）16O 核反應是天體演化中的重要反應，被稱為
核天體物理的聖杯。該反應在很多恆星的演化中都發揮關鍵作
用，其截面對中等質量核素鐵的合成和大質量恆星後期的演化
有決定性的影響。由於該反應在伽莫夫能區（E0=300keV）截面
極低（10-41cm2），反應事例稀少，直接測量非常困難，必須在
極低背景的環境下才有可能。自一九七〇年代起，科學家們付
出了 40 多年的努力，但 12C（α, γ）16O 反應在伽莫夫能區的截
面數據仍遠未達到理論模型要求的精確度。JUNA- Ⅰ實驗計劃
在伽莫夫能區範圍開展直接測量，預計取得核天體物理領域的
原創性成果，這將為理解宇宙元素起源和恆星演化提供重要的
數據，也將對突破核天體物理的這一難題具有重要意義。

圖 5.2.2 所示為 JUNA 實驗的工作原理圖。加速器將 He 核加
速到一定能量，入射到高純碳靶上發生反應，反應產生的伽馬
射線被安排在靶附近的伽馬能譜儀測量。圖 5.2.3 所示為 CJPL-II
內的部分設備安排示意圖，圖中左側是加速器，中間是磁譜儀
（用來對 He 粒子做能量選擇），右側是測量伽馬的探測器。

介於「存在」與「不存在」之間，
一本書讀懂 21 世紀最重大的天文學難題

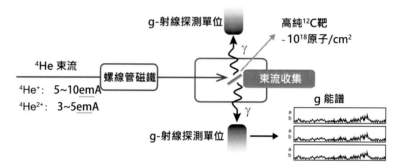

圖 5.2.2　JUNA 實驗工作原理圖

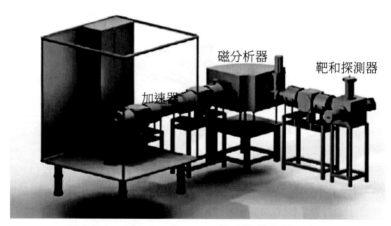

圖 5.2.3　CJPL-II 中 JUNA 部分設備安排示意圖

3・PANDAX-II

PANDAX 第三階段計畫，為研究雙 β 衰變建造 200kg~1t 氣體氙時間投影室，第四階段計畫為暗物質探測與研究建造 20t 液

體氙時間投影室。以上實驗都規劃 CJPL-II 中進行，圖 5.2.4 所示為這兩個實驗在 CJPL-II 中的布局。

圖 5.2.4　PANDAX-II 未來實驗在 CJPL-II 中的布局

4 · 太陽微中子實驗

我們已經知道，太陽內的核融合反應不僅產生光和熱，還發射出大量微中子。多年來對太陽微中子的測量與研究，讓我們不僅知道了太陽內部是如何反應的，還確立了標準太陽模型，同時證實了三種微中子之間的相互轉換（或稱微中子振盪）。近期 Borexino 實驗，成功辨別出太陽內三種核反應產生的微中子（這三種反應微中子分別用 7Be、pep 和 pp 來表示），並測量出各自的通量。如果考慮到微中子到達地球過程中的微中子振盪效應，實驗與標準太陽模型的預言非常切合，但到目前為止還沒有直接測量到碳氮氧（CNO）三元素在太陽內循環反應過程中產生的微中子。

要知道，碳氮氧的循環反應不僅是太陽內主要的高溫過程，也是高溫恆星演化過程中的主要能量釋放過程，所以測量

CNO 微中子具有非常重要的科學意義。科學家為此提出建議：在 CJPL-II 開展 CNO 微中子測量。實驗預計採用 2 千噸的液體閃爍體或水基閃爍體探測器，圖 5.2.5 所示為探測器示意圖。將液體閃爍體或水基閃爍體裝在直徑 12m、高 12m 的圓柱形不鏽鋼罐內，罐內周圍有大量光電倍增管。太陽微中子進入探測器內與閃爍體發生散射，散射出電子再激發閃爍體發出螢光。螢光被探測器內四周的光電倍增管接收後，被轉換成電訊號。圖 5.2.6 所示為探測器在地下實驗室 CJPL-II 內的安排，兩個圓柱形探測器可安放在實驗室兩端。預期採集 5 年的數據，希望不但可以發現 CNO 微中子，而且提高對太陽中三種重要反應（7Be、pep 和 pp）微中子通量的測量精確度。

圖 5.2.5　液體閃爍或水閃爍探測器示意圖

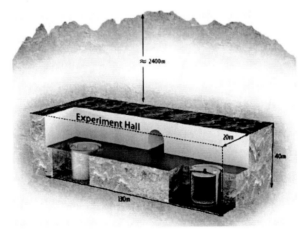

圖 5.2.6　太陽微中子探測器在 CJPL-II 地下實驗室內的安排

暗物質 失落的宇宙

介於「存在」與「不存在」之間，
一本書讀懂 21 世紀最重大的天文學難題

後語

　　暗物質概念提出後，諸多關於暗物質存在的強大證據，無一不是從重力作用的角度出發，和依據既有的牛頓力學或愛因斯坦引力理論推斷出來的結論。

　　不少人相信既有的引力理論，相信宇宙間存在各種形態的暗物質粒子或天體，並為此開展了幾十年的實驗探測。雖然目前還沒有令人滿意的結果，但還有很大的空間需要探測。

　　一些人雖然不能認定或相信宇宙間存在暗物質，但認為必須在假設存在有暗物質的基礎上，著手實驗探測，既不能貿然肯定暗物質的存在，也不能斷然否定愛因斯坦引力理論，一切都需透過實驗得到證實。

　　當然也不可否認，有些人或許認為，在星系或星系團等大尺度範圍上，應用牛頓力學或愛因斯坦引力理論犯了錯誤。這樣的懷疑雖然有些荒腔走板，但也不能說沒有可能。在過去的幾百年間，我們對萬有引力的理解也不是沒有發生變化，廣義相對論就取代了牛頓定律，從而對引力有了新的認識。這樣看來，暗物質概念既給實驗提出了挑戰，也對引力理論提出了挑戰。

　　另外，宇宙中暗物質的存在也告訴我們，必須建立超出標準

暗物質 失落的宇宙

介於「存在」與「不存在」之間，
一本書讀懂 21 世紀最重大的天文學難題

模型的理論。在標準模型的基本粒子中，只有微中子可能是暗物質的候選，但微中子又不可能是暗物質的主要組成。由此可見，暗物質的出現也給基本粒子理論提出嚴峻的挑戰，必須對標準模型完善和發展。

本書從實驗的角度出發，介紹了如何應對實驗方面的挑戰，討論了探測暗物質的原理、方法，介紹了實驗研究的概況和未來的前景，但並未涉及對引力理論和基本粒子理論的挑戰。

發展新的引力理論或基本粒子模型，並不意味著對原有理論的全盤否定，而是在保持原有理論的基礎上對其修正或發展。從而使原有理論能解釋的現象，新理論能夠解釋；而原有理論不能解釋的現象，像暗物質和暗能量，新理論也能站住腳。

新理論必須建立在既有的實驗事實基礎之上，不論暗物質實驗探測到什麼結果，也不論有沒有看到暗物質與普通物理的交互作用，都對理論的發展具有重要意義。不過，目前的實驗仍然沒有離開原有物理理論或物理概念，或者說還是在既有理論束縛下的實驗。我們既需要有新思維、新概念指導下的實驗，也需要新思維、新概念對實驗事實的理解，只有兩者緊密結合，才有可能對宇宙、對物質世界的認知有革命性突破。

參考文獻

[1] Perkins D H. Introduction to High Energy Physics[M]. 4th ed. Cambridge：Cambridge University Press, 2000.

[2] Fields B D, Sarkar S. BIG-BANG Nucleosynthesis[J]// Particle Data Group. Review Of Particle Physics. Physics Review D, 2012, 86(010001)：275-279.

[3] Origin of the Universe—High Energy Physics [EB/OL]. [2013-03-21]. http：//home.physics.ucla.edu/~arisaka/home/Particle/.

[4] Scott D, Smoot G F. Cosmic-microwave Background [J]// Particle Data Group. Review Of Particle Physics. Physics Review D, 2012, 86(010001)：297-304.

[5] Cowan G. Statistics[J]//Particle Data Group. Review Of Particle Physics. Physics Review D, 2012, 86(010001)：390-401.

[6] K.Kleiknecht, Detectors for Particle Radiation.

[7] William R, Loe. Techniques for Nuclear and Particle Physics Experiments.

[8] Cho A. Universe's High-Def Baby Picture Confirms Standard Theory[J]. Science, 2013, 339：1513.

[9] Knoll G F. Radiation Detection and Measurement[M]. 3rd ed. New York：John Wiley & Sons, 2000.

[10] Goulding F S. Semiconductor Detectors For Nuclear Spectrometry [J]. Nuclear Instruments and Methods, 1966,

43：1-54.

[11] Eberth J, Simpson J. From Ge(Li) Detectors To Gamma-Ray Tracking Arrays–50 Years Of Gamma Spectroscopy With Germanium Detectors[J]. Progress in Particle and Nuclear Physics, 2008, 60：283-337.

[12] 佩德羅，費雷拉·宇宙的狀態 [M]·上海：上海科學技術出版社，2011·

[13] 李金·現代輻射與粒子探測學講義 [M]·二版·北京：北京清華大學工程物理系，2012·

[14] 陳伯顯，張智·核輻射物理及探測學 [M]·哈爾濱：哈爾濱工程大學出版社，2011·

[15] 謝一岡，陳昌，王曼，等·粒子探測器與數據獲取 [M]·北京：科學出版社，2004；220-258·

[16] 汲長松·核輻射探測器及其實驗技術手冊 [M]·北京：原子能出版社，1990：70·

[17] Zwicky F. Spectral Displacement Of Extra-Galactic Nebulae[J]. Helvetica Physica Acta, 1933, 6：110-127.

[18] Goodman M W, Witten E. Detectability Of Certain Dark Matter Candidates[J]. Physics Review D, 1985, 31：3059-3063.

[19] Oort J H. The Force Exerted By The Stellar System In The Direction Perpendicular To The Galactic Plane And Some Related Problems[J]. Bulletin Of The Astronomical Institutes Of The Netherlands, 1932, 6：249-287.

[20] Drukier A K, Freese K, Spergel D N. Detecting Cold Dark-Matter Candidates[J]. Physical Review D, 1986, 33 (12)：3495-3508.

[21] Begeman K G, Broeils A H, Sanders R H. Extended Rotation Curves Of Spiral Galaxies—Dark Haloes And Modified Dynamics[J]. Monthly Notices Of The Royal Astronomical Society, 1991, 249：523-537.

[22] Bertone G, Hooper D, Silk J. Particle Dark Matter：Evidence Candidates And Constraints[J]. Physics Reports, 2005, 405：279-390.

[23] Nemiroff R, Bonnell J. The Matter Of The Bullet Cluster [EB/OL]. (2006-08-24) [2013-03-21]. http：//apod.nasa.gov/apod/ap060824.html.

[24] Freeman K, McNamara G. In Search Of Dark Matter[M]. Chichester：Springer In Association With Praxis Press, 2006：93-104.

[25] Mellier Y. Gravitational Lensing And Dark Matter[M]// Bertone G. Particle Dark Matter：Observations, Models And Searches. New York：Cambridge University Press, 2010：56-82.

[26] Bertone G. Themoment Of Truth For WIMP Dark Matter[J]. Nature, 2010, 468：389-393.

[27] Sanders R H. The Dark Matter Problem：A Historical Perspective[M]. New York：Cambridge University Press, 2010.

[28] Bekenstein J D. Modified Gravity As An Alternative To Dark Matter[M]//Bertone G. Particle Dark Matter：Observations, Models And Searches. New York：Cambridge University Press, 2010：99-117.

[29] Jedamzik K, Pospelov M. Particle Dark Matter And Big Bang Nucleosynthesis[M]//Bertone G. Particle Dark Matter：Observations, Models And Searches. New York：Cambridge University Press, 2010：565-585.

[30] Salucci P, Nesti F, Gentile G, et al. The Dark Matter Density At The Sun's Location[J]. Astronomy & Astrophysics, 2010, 523（A83）：1-6.

[31] Gelmini G, Gondolo P. DM Production Mechanisms[M]//Bertone G. Particle Dark Matter：Observations, Models And Searches. New York： Cambridge University Press, 2010：565-585.

[32] Ellis J, Olive K A. Supersymmetric Dark Matter Candidates[M]//Bertone G. Particle Dark Matter： Observations, Models And Searches. New York： Cambridge University Press, 2010：142-163.

[33] Servant G. Dark Matter At The Electroweak Scale： Non-supersymmetric Candidates[M]//Bertone G. Particle Dark Matter： Observations, Models And Searches. New York： Cambridge University Press, 2010：164-189.

[34] Sikivie P. Axions[M]//Bertone G. Particle Dark Matter： Observations, Models And Searches. New York： Cambridge University Press, 2010：204-227.

[35] Shaposhnikov M. Sterile Neutrinos[M]//Bertone G. Particle Dark Matter： Observations, Models And Searches. New York： Cambridge University Press, 2010：228-248.

[36] 畢效軍，秦波・暗物質及暗物質粒子探測 [J]・物理，2011, 40 (1)：13-17・

[37] Han Tao. Particle Dark Matter And Their Searches [R/OL]. (2011-02-01) [2011-03-10]. http：//www.pheno.wisc.edu/~than/DM-CDEX-2011.pdf.

[38] L. Baudis, Physics Of The Dark Universe 1 (2012)，94，[arXiv：1211.7222].

[39] Feng J L. Non-WIMP Candidates[M]//Bertone G. Particle Dark Matter： Observations, Models And Searches. New York： Cambridge University

Press, 2010：190-203.

[40] 蘇萌·暗物質的天文學探測[J]·科技導報，2016, 34（5）·

[41] 克里斯滕森，福斯博里·哈伯望遠鏡 17 年探索之旅 [M]·林清，朱達一，譯·上海：上海科學技術文獻出版社·

[42] 克里斯滕森，福斯貝利，赫爾特·隱祕的宇宙 [M]·上海：上海科學技術文獻出版社·

[43] Reusser D, Treichel M, Boehm F, et al. Limits On Cold Dark Matter From The Gotthard Geexperiment [J]. Physics Letters B, 1991, 255：143-145.

[44] Garcia E, Avignone III F T, Brodzinski R L, et al. Dark Matter Searches With A Germanium Detector At The Canfranc Tunnel[J]. Nuclear Physics B：Proceedings Supplements, 1992, 28A：286-292.

[45] Shutt T, Ellman B, Barnes P D Jr, et al. Measurement Of Ionization And Phonon Production By Nuclear Recoils In A 60 g Crystal Of Germanium At 25 MK[J]. Physical Review Letters, 1992, 69（24）：3425-3427.

[46] Messous Y, Chambon B, Chazal V, et al. Calibration Of A Ge Crystal With Nuclear Recoils For The Development Of A Dark Matter Detector[J]. Astroparticle Physics, 1995, 3（4）：361-366.

[47] Lwein J D, Smith P F. Review Of Mathematics, Numerical Factors, And Corrections For Dark Matter Experiments Based On Elastic Nuclear Recoil[J]. Astroparticle Physics, 1996, 6：87-112.

[48] Baudis L, Hellmig J, Heusser G, et al. New Limits On Dark-Matter Weakly Interacting Particles From The Heidelberg-Moscow Experiment[J]. Physical Review D, 1998, 59（022001）：1-5.

[49] Smith P F, Smith N J T,

Lewin J D, et al. Dark Matter Experiments At The UK Boulby Mine UK Dark Matter Collaboration[J]. Physics Reports, 1998, 307：275-282.

[50] Cebrián S, Coron N, Dambier G, et al. First Results Of The Rosebud Dark Matter Experiment[J]. Astroparticle Physics, 2001, 15：79-85.

[51] Irastorza I G, Morales A, Aalseth C E, et al. Present Status Of IGEX Dark Matter Search At Canfranc Underground Laboratory[J]. Nuclear Physics B：Proceedings Supplements, 2002, 110：55-57.

[52] Morales A, Avignone III F T, Brodzinski R L, et al. Particle Dark Matter And Solar Axion Searches With A Small Germanium Detector At The Canfranc Underground Laboratory[J]. Astroparticle Physics, 2002, 16：325-332.

[53] Miuchi K, Minowa M, Takeda A, et al. First Results From Dark Matter Search Experiment With LiF Bolometer At Kamioka Underground Laboratory[J]. ArXiv, 2003（0204411）：1-15.

[54] Klapdor-Kleingrothaus H V, Dietz A, Heusser G, et al. First Results From The HDMS Experiment In The Final Setup[J]. Astroparticle Physics, 2003, 18：525-530·

[55] Yue Qian, Cheng Jianping, Li Yuanjing, et al. Detection Of WIMPs Using Low Threshold HPGe Detector[J]. High Eergy Physics And Nuclear Physics, 2004, 28（8）：877-880.

[56] Borer K, Czapek G, Hasenbalg F, et al. Recent Results From The Orpheus Dark Matter Experiment[J]. Nuclear Physics B：Proceedings Supplements, 2005, 138：163-165.

[57] Alner G J, Araújo H M, Arnison G J, et al. Limits On WIMP Cross-sections From The NAIAD Experiment At The Boulby Underground Laboratory[J]. Physics Letters B, 2005, 616： 17-24.

[58] Benoit A, Bergé L, Blümer J, et al. Measurement Of The Response Of Heat-And-Ionization Germanium Detectors To Nuclear Recoils[J]. Nuclear Instruments And Methods In Physics Research Section A： Accelerators, Spectrometers, Detectors And Associated Equipment, 2007, 577 (3)： 558-568.

[59] Chang J, Adams J H, Ahn H S, et al. An Excess Of Cosmic Ray Electrons At Energies Of 300~800 GeV[J]. Nature, 2008, 456： 362-365.

[60] Adriani O, Barbarino G C, Bazilev-skaya G A, et al. An Anomalous Positron Abundance In Cosmic Rays With Energies 1.5-100 GeV[J]. Nature, 2009, 458： 607-609.

[61] Lin Shin Ted, Li H B, Li Xin, et al. New Limits On Spin-Independent And Spin-Dependent Couplings Of Low-mass WIMP Dark Matter With A Germanium Detector At A Threshold Of 220 eV[J/OL]. Physical Review D, 2009, 79 (061101)： 1-6 [2013-04-10]. http：//arxiv. org/ pdf/0712.1645v4.pdf.

[62] Akimov D Y. The ZEPLIN- III Dark Matter Detector[J]. Nuclear Instruments And Methods In Physics Research Section A： Accelerators, Spectrometers, Detectors And Associated Equipment, 2010, 623： 451-453.

[63] Bergström L, Bertone G. Gamma-rays[M]//Bertone G. Particle Dark Matter： Obser-

vations, Models And Searches. New York：Cambridge University Press, 2010：491-506.

[64] Spooner N. Directional Detectors[M]//Bertone G. Particle Dark Matter：Observations, Models And Searches. New York：Cambridge University Press, 2010：437-466.

[65] Armengaud E, Augier C, Benoit A, et al. First Results Of The EDELWEISS- III WIMP Search Using Ge Cryogenic Detectors With Interleaved Electrodes[J]. Physics Letters B, 2010, 687：294-298.

[66] Marino M. Dark Matter Physics With P-type Point-Contact Germanium Detectors：Extending The Physics Reach Of The Majorana Experiment [D]. Washington：University Of Washington, 2010.

[67] Bernabei R, Belli P, Cappella F, et al. New Results From DAMA/LIBRA[J]. European Physical Journal C, 2010, 67：39-49.

[68] Figueroa-Feliciano E.Towards Direct Detection Of WIMPs With The Cryogenic Dark Matter Search[C]//AIP Conference Proceedings. 2010, 1200：959-962.

[69] Giuliani F. Hunting The Dark Matter With DEAP/CLEAN [C]//AIP Conference Proceedings. 2010, 1200：985-988.

[70] Bernabei R, Belli P, Cappella F, et al. New Results From DAMA/LIBRA[J]. European Physical Journal C, 2010, 67：39-49.

[71] Halzen F, Hooper D. High-Energy Neutrinos From WIMP Annihilations In The Sun[M]//Bertone G. Particle Dark Matter：Observations, Models And Searches. New York：Cambridge University

Press, 2010：507-520.

[72] Salati P, Donato F, Fornengo N. Indirect Dark Matter Detection With Cosmic Antimatter[M]//Bertone G. Particle Dark Matter：Observations, Models And Searches. New York：Cambridge University Press, 2010：521-546.

[73] Chang Jin. Status And Perspectives Of Dark Matter Searches In China[J]. Chinese Journal Of Space Science, 2010, 30（5）：422-423.

[74] Aalseth C E, Barbeau P S, Colaresi J, et al. Search For An Annual Modulation In A P-Type Point Contact Germanium Dark Matter Detector[J]. Physical Review Letters, 2011, 107 (141301)：1-5.

[75] Acciarri R, Antonello M, Baibussinov B, et al. The WArP Experiment[J]. Journal Of Physics：Conference Series, 2011, 308（012005）：1-8.

[76] Marchionni A, Amsler C, Badertscher A, et al. ArDM：A Ton-scale LAr Detector For Direct Dark Matter Searches[J]. Journal Of Physics：Conference Series, 2011, 308（012006）：1-11.

[77] Sekiya H. XMASS[J]. Journal Of Physics：Conference Series, 2011, 308（012011）：1-6.

[78] Hime A. The Miniclean dark Matter Experiment[J]. ArXiv, 2011（1110.1005）：1-8.

[79] Aprile E, Angle J, Arneodo F, et al. Design And Performance Of The XENON10 Dark Matter Experiment[J]. Astroparticle Physics, 2011, 34：679-698.

[80] Ahmed Z, Akerib D S, Arrenberg S, et al. Results From A Low-energy Analysis Of The CDMS IIgermanium Data[J]. Physical Review Letters, 2011,

106（131302）：1-5.

[81] Aalseth C E, Barbeau P S, Colaresi J, et al. Search For An Annual Modulation In A P-Type Point Contact Germanium Dark Matter Detector[J]. Physical Review Letters, 2011, 107 (141301)：1-4.

[82] 倪凱旋，魏月環·基於液氙的暗物質直接探測 [J]·中國科學：物理學　力學　天文學，2011, 41 (12)：1414-1422·

[83] Adriani O, Barbarino G C, Bazilevskaya G A, et al. Cosmic-Ray Electron Flux Measured By The PAMELA Experiment Between 1 And 625 GeV[J]. Physical Review Letters, 2011, 106（201101）：1-5.

[84] Ackermann M, Ajello M, allafort A, et al. Measurement Of Separate Cosmic-Ray Electron And Positron Spectra With The Fermi Large Area Telescope[J]. Physical Review Letters, 2012, 108（011103）：1-7.

[85] Feng J L. Dark Matter And Indirect Detection In Cosmic Rays[J]. ArXiv, 2012 (1211.3116)：1-8.

[86] Saab T. An Introduction To Dark Matter Direct Detection Searches & Techniques[J]. ArXiv, 2012 (1203.2566)：1-28.

[87] Angloher G, Bauer M, Bavykina I, et al. Results From 730 kg Days Of The CRESST-II Dark Matter Search[J]. The European Physical Journal C, 2012, 72：1-22.

[88] Felizardo M, Girard T A, Morlat T, et al. Final Analysis And Results Of The Phase II SIMPLE Dark Matter Search[J]. Physical Review Letters, 2012, 108（201302）：1-5.

[89] Akimov D, Alexander T, Alton D, et al. Light Yield In DarkSide-10：A Prototype Two-phase Liquid Argon TPC For

Dark Matter Searches[J]. ArXiv, 2012 (1204.6218) : 1-10.

[90] Kim S C, Bhang H, Choi J H, et al. New Limits On Interactions Between Weakly Interacting Massive Particles And Nucleons Obtained With CsI(Tl) Crystal Detectors[J]. Physical Review Letters, 2012, 108 (181301) : 1-5.

[91] Baudis L. Darwin Dark Matter WIMP Search With Noble Liquids[J]. Journal Of Physics : Conference Series, 2012, 375 (012028) : 1-4.

[92] Ahmed Z, Akerib D S, Anderson A J, et al. Search For Annual Modulation In Low-energy CDMS-IIdata[J]. ArXiv, 2012 (1203.1309v2) : 1-13.

[93] Fox P J, Kopp J, Lisanti M, et al. A CoGeNT Modulation Analysis[J]. Physical Review D, 2012, 85 (036008) : 1-17.

[94] Drees M, Gerbier G. Dark Matter[J]//Particle Data Group. Review OF Particle Physics. Physics Review D, 2012, 86 (010001) : 289-296.

[95] Yue Qian, Wong Henry Tsz-king. Dark Matter Search With Sub-keV Germanium Detectors At The China Jinping Underground Laboratory[J]. Journal Of Physics : Conference Series, 2012, 375 (042061) : 1-4.

[96] Behnke E, Behnke J, Brice S J, et al. First Dark Matter Search Results From A 4-kg CF3I Bubble Chamber Operated In A Deep underground Site[J]. Physical Review D, 2012, 85 (052001) : 1-9.

[97] Zacek V, Archambault S, Behnke E, et al. Dark Matter Search With PICASSO[J]. Journal Of Physics : Conference Series, 2012, 375 (012023) : 1-4.

[98] Monroe J. Status And Prospects Of The DMTPC Direction-

al Dark Matter Experiment[C]// AIP Conference Proceedings. 2012, 1441：515-517.

[99] Aprilea E, et al. The XENON100 Dark Matter Experiment [J] ArXiv, 2012 (1107.2155V2).

[100] Archambault S, Behnke E, Bhattacharjee P, et al. Constraints On Low-Mass WIMP Interactions On 19F From PICASSO [EB/OL].

[101] Li H B, Liao H Y, Lin S T, et al. Limits On Spin-independent Couplings Of WIMP Dark Matter With A P-Type Point-Contact Germanium Detector[J]. Physical Review Letters, 2013, 110：261-301.

[102] Schaffnek J. Study Of Backgrounds In The CRESST Dark Matter Search[D]. München Technischen Universität München, 2013.

[103] Behnke E ，Benjamn T, et al. Direct Measurement Of Bubble—Nucleation Energy Threshold In CF3I Bubble Chamber[J] Physical Review D, 2013, 88(2)：021101(R).

[104] Aguilar M, Alberti G, alpat B, et al. First Result From The Alpha Magnetic Spectrometer On The International Space Station：Precision Measurement Of The Positron Fraction In Primary Cosmic Rays Of 0.5–350 GeV[J]. Physical Review Letters, 2013, 110（141102）：1-10.

[105] Aprile E, alfonsi M, Arisaka K, et al. Dark Matter Results From 225 Live Days Of XENON100 Data[J]. ArXiv, 2013 (1207.5988v2)：1-6.

[106] Gong H, Giboni K L, Ji X, et al. The Cryogenic System For The Panda-X Dark Matter Search Experiment[J]. Journal Of Instrumentation, 2013, 8

(P01002)：1-11.

[107] Fiorucci S. The LUX Dark Matter Search - Status Update. ArXiv, 2013（1301.6942）：1-4.

[108] APRILE E, ALFONSI M.Dark Matter Results From 225 Live Days Of XENON100 Data[J]. ArXiv, 2013，(1207.5988v2).

[109] Reich E S. Dark-matter Hunt Gets Deep[J]. Nature, 2013, 494：291-292.

[110] KANG K J, CHENG J P, LI J, et al. Introduction Of The CDEX Experiment[J]. ArXiv, 2013（1303.0601）：1-36.

[111] ZHAO W, YUE Q. First Results On Low-mass WIMPs From The CDEX-1 Experiment At The China Jinping Underground Laboratory[J]. Physical Review D.

[112] KANG K J, et al. Introduction To CDEX Experiment [J]. Frontiers Of Physics, 2013, 8：4.

[113] Kang K J, Yue Q. The CDEX-1 1 kg Point-Contact Germanium Detector For Low Mass Dark Matter Searches[J]. ArXiv, 2013 (1305.0401v1).

[114] Zhao W, Yue Q, Kang K J, et al. First Results On Low-mass WIMPs From The CDEX-1 Experiment At The China Jinping Underground Laboratory[J]. Physical Review D, 2013, 88：052004.

[115] AGUILAR M, AISA D. Electron And Positron Fluxes In Primary Cosmic Rays Measured With The Alpha Magnetic Spectrometer On The International Space Station[J]. Physiral Review Letlers, 2014, 113 (121102).

[116] Accardo L, Aguilar M. High Statistics Measurement Of The Positron Fraction In Primary Cosmic Rays Of 0.5–500 GeV With The alpha Magnetic Spec-

trometer On The International Space Station[J]. Physical Review Letlers, 2014, 113(121101).

[117] Liu S K, Yue Q, Kang K J, et al. Limits On Light WIMPs With A Germanium Detector At 177 EVee Threshold At The China Jinping Underground-Laboratory[J]. Physical Review D, 2014, 90 : 032003.

[118] Agnese R, Anderson A J, Asai M, et al. Search For Low-mass Weakly Interacting Massive Particles With Super CDMS[J]. Physical Review Letters, 2014, 112 : 241-302.

[119] Xiao M, Xiao X, Zhao L, et al. First Dark Matter Search Results From The PandaX- I Experiment[J]. Sci China-Phys Mech Astron, 2014, 57 : 2024-2030.

[120] FELIZARDO M, T G, et al. The SIMPLE Phase IIDark Matter Search [EB/OL].

[121] Yue Q, Zhao W. Limits On Light Weakly Interacting Massive Particles From The CDEX-1 Experiment With A P-type Point-Contact Germanium Detector At The China Jinping Underground Laboratory [J]. Physical Review D, 2014.

[122] Su J, Zeng Z. Study Of The Material Photon And Electron Background And The Liquid Argon Detector Veto E-ciency Of The CDEX-10 Experiment[J].Chinese Physics C, 2015, 29 : 036001.

[123] Xiao X, Chen, X. Low-Mass Dark Matter Search Results From Full Exposure Of PandaX-I Experiment[J].ArXiv, 2015(00771v3).

[124] 趙偉，岳騫，李金‧中國暗物質實驗（CDEX）合作組研究進展 [J]‧科學通報，2015, 60 (25)‧

[125] Akerib D. Direct Detec-

tion：Liquid Nobles[J].TAUP 2015 - Torino, Italy，9 September 2015.

[126] Dott. Marco Garbinl. Status Of The XENON Project[J]. TAUP 2015 - Torino, Italy，9 September 2015.

[127] A. S. Torrentó EDELWEISS II Last Results On WIMP Searchwith Ge ID Detectors [J]. TAUP 2015 - Torino, Italy，9 September 2015.

[128] Cirelli M.Dark Matter Indirect Searches：Charged Cosmic Rays[J]. TAUP 2015 - Torino, Italy，9 September 2015.

[129] Idcco F. Miguel Pato& Gianfranco Bertonear, Evidence For Dark Matter In The Inner Milky Way[J] ArXiv，2015 (1502.03821v1).

[130] E. Armengaud Q. Arnaud Constraints On Low-Mass WIMPs From The EDELWEISS- Ⅲ Dark Mattersearch, The EDELWEISS Collaboration[J]. ArXiv, 2016 (1603.05120v1).

[131] Akerib D S, Araujo H M.Improved WIMP Scattering Limits From The Lux Experimentar [J]. ArXiv, 2016 (1512.03506v2).

[132] Angloher G, Bento A, Bucci C, et al. Results On Light Dark Matter Particles With A Low-Threshold CRESST-IIDetector[J]. The European Physical journal C, 2016, 76(1)：25.

[133] Winkelmann C B, Elbs J, Collin E, et al. Ultima：A Bolometric Detector For Dark Matter Search Using Superfluid 3He[J]. Nuclear Instruments And Methods In Physics Research Section A：Accelerators, Spectrometers, Detectors And Associated Equipment, 2006, 559：384-386.

[134] White J T, Gao J, Maxin

J, et al. SIGN, A WIMP Detector Based On High Pressure Gaseous Neon[C]//Klapdor-Kleingrothaus H V. Dark Matter In Astro-And Particle Physics. Berlin, Heidelberg：Springer-Verlag Berlin Heidelberg, 2006：276-284.

[135] Daw E, Dorofeev A, Fox J R, et al. The DRIFT Directional Dark Matter Experiments[J]. European Astronomical Society Publications Series, 2012, 53：11-18.

[136] Dotinchem P, Aramaki T, Hailey C J. Gaps – Dark Matter Search With Low-Energy Cosmic-Ray Antideuterons And Antiprotons[J]. ArXiv, 2015 (1507.02717v2).

[137] Viktor Zacek.Direct DM Searches：Threshold Detectors And New Techniques[J]. TAUP 2015，Torino, September 10, 2015.

[138] Plehn T, Polesello G. SUSY Searches At The LHC[M]// Bertone G. Particle Dark Matter：Observations, Models And Searches. New York：Cambridge University Press, 2010：251-275.

[139] Battaglia M, Peskin M E. Supersym Metric Dark Matter At Colliders[M]//Bertone G. Particle Dark Matter：Observations, Models And Searches. New York：Cambridge University Press, 2010：276-305.

[140] Kong K, Matchev K. Extra Dimensions At The LHC[M]//Bertone G. Particle Dark Matter：Observations, Models And Searches. New York：Cambridge University Press, 2010：306-324.

[141] 周宇峰·暗物質問題簡介[J]·物理，2011, 40（03）：155-160·

[142] 李金·暗物質的直接實驗探

測 [J]・物理，2011, 40 (03)：161-167・

[143] Cui J W, He H J, LI L C, et al. Spontaneous Mirror Parity Violation, Common Origin Of Matter And Dark Matter, And The LHC Signatures[J]. Physical Review D, 2012, 85 (096003)：1-31.

[144] Cui J W, He H J, LI L C, et al. GeV Scale Asymmetric Dark Matter From Mirror Universe：Direct Detection And Lhc Signatures[J]. International Journal Of Modern Physics：Conference Series, 2012, 10：21-34.

[145] Bettini A. The Canfranc Underground Laboratory (LSC) [J]. The European Physical Journal Plus, 2012, 127 (112)：1-7.

[146] Wu Y C, Hao X Q, YUE Q, et al. Measurement Of Cosmic Ray Flux In China JinPing Underground Laboratory[J].

Chinese Physics C, 2013, 37.

[147] Robinson M, Kudryavtsev V A, Lüscher R, et al. Measurements Of Muon Flux At 1070 m Vertical Depth In The Boulby underground Laboratory[J]. Nuclear Instruments And Methods In Physics Research Section A：Accelerators, Spectrometers, Detectors And Associated Equipment, 2003, 511：347-353.

[148] Bettini A. The Canfranc Underground Laboratory (LSC) [J]. The European Physical Journal Plus, 2012, 127 (112)：1-7.

[149] Aharmim B, Ahmed S N, Andersen T C, et al. Measurement Of The Cosmic Ray And Neutrino-induced Muon Flux At The Sudbury Neutrino Observatory[J]. Physical Review D, 2009, 80 (012001)：1-15.

[150] Robinson M, Kudryavtsev V A, Lüscher R, et al. Mea-

surements Of Muon Flux At 1070 m Vertical Depth In The Boulby underground Laboratory[J]. Nuclear Instruments And Methods In Physics Research Section A：Accelerators, Spectrometers, Detectors And Associated Equipment, 2003, 511：347-353.

[151] Bettini A. The Canfranc Underground Laboratory (LSC)‧The European Physical Journal Plus, 2012, 127（112）：1-7.

[152] Nosengo N. Gran Sasso：Chamber Of Physics[J]. Nature, 2012, 485：435-438.

[153] Toni F. China, Others Dig More And Deeper underground Labs[J]. Physics Today, 2010, 63（9）：25-27.

[154] Kang K J, Cheng J P, Chen Y, H, et al. Status And Prospects Of A Deep Underground Laboratory In China[J].

Journal Of Physics：Conference Series, 2010, 203（012028）：1-3.

[155] 程建平，吳世勇，岳騫，等‧國際地下實驗室發展綜述[J]‧物理，2011, 40（3）：149-154‧

[156] Dennis N. Chinese Scientists Hope To Make Deepest, Darkest Dreams Come True[J]. Science, 2009, 324（5932）：1246-1247.

[157] 楊先武，李勝藍‧世界第二深埋隧道——錦屏山隧道貫通 [N/OL]‧天府早報，2008-08-10 [2013-03-27]‧http：//sichuan.scol.cn/dwzw/20080810/200881074951.htm.

[158] Ragazzi. Underground Laboratories[J]. TAUP 2015，Torino, September 10, 2015.

[159] Liu W P, Li Z H. Progress Of Jinping Underground Laboratory for Nuclear Astrophysics(JUNA) [C]. EPJ Web Of

Conferences109, 09001(2016).

[160] Chen S M, Cheng J P. Letter Of Intent：Jinping Neutrino Experiment. Internal Report.